공부 욕심이 두 배로 생기는 발칙한 수학 이야기

소름 돋는 수학의 재미_하편

공부 욕심이 두 배로 생기는 발칙한 수학 이야기
소름 돋는 수학의 재미_하편

펴낸날 2022년 2월 10일 1판 1쇄

지은이 천융밍
옮긴이 김지혜
그림 리우스위엔
펴낸이 김영선
책임교정 이교숙
교정·교열 정아영, 이라야
경영지원 최은정
디자인 박유진·현애정
마케팅 신용천

펴낸곳 (주)다빈치하우스-미디어숲
주소 경기도 고양시 일산서구 고양대로632번길 60, 207호
전화 (02) 323-7234
팩스 (02) 323-0253
홈페이지 www.mfbook.co.kr
이메일 dhhard@naver.com (원고투고)
출판등록번호 제 2-2767호

값 16,800원
ISBN 979-11-5874-137-2 (44410)

공부 욕심이 두 배로 생기는
발칙한 수학 이야기

소름 돋는
수학의 재미

천융밍 지음 · 리우스위엔 그림

하편

김지혜 옮김

미디어숲

●●●

대수代數는 수학에서 중요한 한 분야로서 이 책에서는 수, 식, 방정식, 함수, 수열과 극한에 이르는 고전 대수뿐만 아니라 확률, 집합, 논리, 조합, 알고리즘, 암호학, 카오스 이론 등 근현대 수학적 요소들을 탐구한다. 동서고금을 넘나드는 수학 이야기와 유명 에피소드를 소개하고, 역추론, 증명, 패리티 검사parity checking 등 수학적 사고법을 포함하는 수학사와 일상의 흥미로운 이야기를 발굴하여 수학의 묘미를 보여준다.

이 책은 중·고등학생들에게 적합하며 수학을 사랑하는 일반 대중 독자에게도 수학의 즐거움을 줄 것이다.

요즘은 스타를 동경하는 청소년들을 많이 볼 수 있다. 처음엔 그런 청소년들을 잘 이해하지 못해 한 학생에게 "이 스타가 너를 사로잡은 게 도대체 뭐니?"라고 물었다. 그 학생은 큰 눈을 부릅뜨고 나를 한참이나 쳐다보다가 "선생님도 젊었을 때 우상이 있지 않았나요?"라고 되물었다. 나는 당시 내가 좋아하고 존경하는 사람은 과학자라고 말했다. 짧은 대화였지만 나와 젊은이들과의 세대 차이가 잘 드러난다.

내가 학문을 탐구하던 시절, 과학으로의 진출은 전국적으로 확산되었고, 우리가 존경하던 인물들은 조충지, 멘델레예프, 퀴리 부인 등 훌륭한 과학자들이었다. 도서는 《재미있는 대수학》, 《재미있는 기하학》과 같은 일반 과학도서를 즐겨 읽었다. 동시에 전국 각지에서 과학 전시가 열렸고, 우리도 과학 스토리텔링을 만들어냈다. 이런 활동은 우리 세대 청소년들의 마음속에 과학의 씨앗을 심어주기에 충분했다.

그런데 유감스럽게도 당시에는 여러 가지 이유로 국내 작가의 작품은 드물었다. 사실 1949년 이전까지 몇몇 작가에 의해 적지 않은 수학대중서가 출간되었다. 1950~60년대에는 중·고등학생들의 수학경쟁을 활성화하기 위해 유명 수학자들이 학생들을 위한 강좌를 열었다. 이 강의들은 나중에 책으로 출간되어 한 세대에 깊은 영향을 주었다.

이들 작품 중 가장 추앙받는 작품이 바로 화라경의 작품이다. 《양휘 삼각법으로부터 이야기를 시작하다》, 《손자의 신비한 계산법으로부터 이야기를 시작하다》 등의 저서는 학생들에게 큰 사랑을 받았다. 그의 저서는 가볍게 시작한다. 먼저 간단한 문제 제기와 방법을 소개한 후 감칠맛 나게 수학이야기를 하며 하나하나 설명해 나간다. 마지막에 이르러 수학내용이 분명해지는데 생동감 있는 전개가 눈에 띈다.

어떤 문제를 이해하는 것과 고등수학의 심오한 문제를 설명하는 것은 어떤 부분에서 일맥상통한다. 그의 책은 수학과학대중서의 모범이 되었는데 수학사 이야기를 강의에 녹여 시 한 수를 짓기도 했다.

그 시기에 나는 막 일을 시작했는데 그의 책을 손에서 떼기가 힘들었다. 결국 나도 책 쓰는 것을 배워야겠다는 생각이 들었다. 그래서 몇 년을 일반 과학 서적을 읽으며 글을 쓰기 시작하여 《등분원주

만담》,《1+1=10 : 만담이진수》,《순환소수탐비》,《만담근사분수》,
《기하는 네 곁에》,《수학두뇌탐비》 등의 작품을 완성하였다.

수학대중서는 시대의 흐름을 적절히 잘 결합해야 한다. 물론 새
로운 수학의 성과와 생명과학, 물리학 등을 비롯한 첨단 지식을 전
수하기는 매우 힘들다. 내가 몇 년 전에 쓴 작품들이 있지만 시간이
지나면서 과학이 비약적으로 발전하고 있어서 새로운 소재들이 많
이 나왔다. 이번에 출간된《소름 돋는 수학의 재미(상편, 하편)》은
이전 작품을 재구성한 것이다. 일부 문제점을 수정하고 수학 이야
기를 재현해 독자들이 흥미롭게 읽을 수 있도록 새로운 내용을 보
충하였다. 이해방식, 새로운 수학 연구 성과를 최대한 담기 위해 노
력하였으니 여러분에게 도움이 되었으면 좋겠다.

마지막으로 수학을 좋아하고 수학을 사랑하기를 바란다.

천융밍

차례

3장 조합과 마방진

4장 집합과 논리

리만 추측은 중대한 의미가 있다.
리만 추측과 페르마 대정리는 이미 일반 상대성이론과 양자역학이 융합된
M이론M-theory의 기하학적 위상적 운반체가 되었다.
리만 추측은 소수의 문제일 뿐 실제 응용할 가치가 없어 보였는데
양자역학과 관련이 있을 줄은 상상도 못했다.

1장

함수

수학 이야기

페르마의 소수 공식

수학의 대가 페르마는 일생에 걸쳐 많은 추측을 제시했다. 다음은 페르마가 1640년에 내놓은 공식 $F(n)=2^{2^n}+1$의 값을 계산한 것이다.

$$n=0일 \text{ 때}, F(0)=3$$
$$n=1일 \text{ 때}, F(1)=5$$
$$n=2일 \text{ 때}, F(2)=17$$
$$n=3일 \text{ 때}, F(3)=257$$
$$n=4일 \text{ 때}, F(4)=65537$$

이 값들은 모두 소수이다. 따라서 페르마는

$$F(n)=2^{2^n}+1$$

은 소수를 표현하는 공식이라고 추측했다.

또한 $n=5$일 때, $F(5)=4294967297$로 계산된다.

이 값은 소수일까? 만약 합성수라면 어떻게 소인수분해될까? 하지만 당시에는 판단이 쉽지 않았다. 100년 후, 25세의 오일러는 $F(5)=2^{2^5}+1=4294967297=641\times6700417$을 확인하였다.

하나의 반례에 의해 페르마의 소수추측에 사형이 선고되었다. 물론 이 반례는 찾기 쉽지 않다. 그렇지 않고서야 왜 100년이나 걸렸겠는가. 또한 찾아낸 사람이 다름 아닌 전능한 수학의 거장 오일러였다.

이후에도 사람들은 계속해서 반례를 찾아냈다. 1880년, 랑제는 $n=6$일 때, 다음을 증명하였다.

$$2^{2^6}+1 = 274177 \times 67280421310721$$

즉, $2^{2^6}+1$도 합성수이다.

지금까지 이런 반례는 모두 46개이다. 그리고 어떤 수, 예를 들면 $2^{2^{17}}+1$, $2^{2^{20}}+1$, $2^{2^{22}}+1$, $2^{2^{24}}+1, \cdots$ 등은 아직도 소수인지 합성수인지 분명하지 않다.

페르마의 추측은 성립하지 않는다. 왜냐하면 페르마 자신이 근거로 제시한 5가지 사례 외에는 단 하나도 맞는 예가 없었다. 오죽하면 $2^{2^n}+1$ 형식의 수는 $n=0$, 1, 2, 3, 4일 때를 제외하고 모두 합성수라는 추측이 제기되었을까.

역사적으로 소수 공식에 관한 추측은 페르마의 추측 외에도 또 다른 추측이 있었다. 이런 추측들은 '소인배'가 만들어내기 때문에 그리 영향이 크지는 않다. 예를 들면, 어떤 사람은 다음과 같은 수를 소수라고 추측하였다.

$$f(n)=n^2-n+17$$

n=0, 1, 2, 3, 4,···, 16일 때, $f(n)$은 확실히 모두 소수이다.

단, n=17일 때, $f(17)=17^2-17+17=17^2$이므로 명백히 소수가 아니다.

현재까지도, 누군가는 여전히 소수의 추측을 제기하고 있다. 1983년 9월 〈수학통신〉 편집부에 한 독자가 보내온 기고문에서 소수 공식에 대한 추측을 제시하였다. p가 홀수인 소수일 때, $z_p = \frac{1}{3}(2^p+1)$이 소수라는 것이다.

이 독자는 많은 검증을 보여주었다.

p=3일 때, z_3=3

p=5일 때, z_5=11

p=7일 때, z_7=43

p=11일 때, z_{11}=683

p=13일 때, z_{13}=2731

p=17일 때, z_{17}=43691

p=19일 때, z_{19}=174763

이 경우에 z_p는 모두 소수이다.

누군가가 이 공식에 따라 계속 계산하여 $p=23$일 때 $z_{23}=2796203$도 소수임을 확인하였다.

그러나 $p=29$일 때, $z_{29}=17895671=59\times3033169$는 합성수이다. 이로써 이 추측은 성립하지 않는다는 것이 밝혀졌지만 이 독자의 정신은 배울 점이 있다.

메르센 수

수도사 메르센의 발견

사람들은 소수에 대한 함수나 공식을 찾는 데 많은 공을 들였다. 17세기 프랑스의 수도사 메르센도 유명한 공식을 제시했다.

$$M = 2^p - 1$$

그는 만약 p가 합성수라면, M은 분명히 소수가 아니라고 하였다. 예를 들어 $p = 9$일 때,

$$2^p - 1$$
$$= 2^9 - 1$$
$$= (2^3)^3 - 1$$
$$= (2^3 - 1)\{(2^3)^2 + 2^3 \times 1 + 1\}$$
$$= 7 \times 73$$
$$= 511$$

$2^p - 1 = 511$은 소수가 아니다. 따라서 그는 p가 소수라면 $2^p - 1$은 소수라고 추측하였다. 사실 이 추측은 성립하지 않는다. 예를 들면 $p = 11$이면

$$2^{11}-1$$

$$=2047$$

$$=23\times89$$

이므로 결과는 합성수이다.

　하지만 메르센의 2^p-1 형식의 수는 여전히 매우 흥미롭다. 그는 $p=$ 2, 3, 5, 7, 13, 17, 31, 67, 127, 257일 때, 2^p-1은 모두 소수라고 주장했다. 메르센이 이 문제에 기여한 공로를 기리기 위해 2^p-1의 수를 '메르센 수'라고 부른다. 만약 어떤 메르센 수가 소수라면, 그것은 메르센 소수이다. 그러나 그의 연구에는 오류가 있었다.

　첫째, p=67, 257일 때, 2^p-1은 소수가 아니다. 둘째, $p=$ 19, 61, 89, 107일 때, 2^p-1의 값은 소수이지만 메르센은 이 경우를 놓치고 말았다.

뒤를 이어 부단히 나아가다

　특히 증명할 만한 것은 p=67인 상황이다. 오랫동안 2^{67}-1이 소수가 아니라는 의심이 들었지만 확인할 방법이 없었다. 숫자가 너무 커서 당시에는 실제 검증이 어려웠기 때문이다. 1903년 10월에 이르러 미국 수학협회에서 개최한 학술보고회에 미국 컬럼비아대학교 교수 콜[Cole]을 초청했다. 콜은 과묵하기로 소문

난 사람으로 그는 연단에 선 뒤 아무 말도 하지 않고 칠판에 분필로 연산하기 시작했다.

그는 먼저 $2^{67}-1$의 결과를 산출한 후, 몸을 돌려 아무 말없이 칠판에 직접 연산한 결과 $193707721 \times 761836257287$을 썼다. 양쪽의 결과는 완전히 일치하는 것으로 이와 같은 '소리 없는 보고서'를 마치고 자리로 돌아왔다. 한참이 지나자 마침내 모두 그의 뜻을 이해하고 열렬한 박수 소리가 터져 나왔다. $2^{67}-1$은 소수가 아닌 하나의 합성수이며, 그가 200년간 난제로 남았던 문제를 해결했기 때문이다. 계산량이 많기 때문에 컴퓨터 시대 이전의 메르센 소수는 12개밖에 검증되지 못했다.

이후의 5개 수($n=521, 607, 1279, 2203, 2281$)는 모두 라파엘 M. 로빈슨이 1952년 컴퓨터를 이용하여 발견한 것이다.

1957년, 러셀[Bertrand Russell]은 $n=3217$일 때, M은 소수임을 발견하였다.

1961년, 후르비츠[Alexander Hurwitz]가 $n=4253$과 4423일 때, M은 소수임을 발견하였다.

1963년, 길리스가 $n=9689, 9941, 11213$일 때, M은 소수임을 발견하였다.

1971년, 타크만이 $n=19937$일 때, M은 소수임을 발견하였다.

1978년, 18세 두 명의 고교생 니켈[Nickel]과 노엘[Noll]은 3년 동안

350시간을 걸려 $n=21701$일 때, M은 소수이고 이 메르센 소수는 6533자리인 수임을 발견했다. 당시 미국의 많은 신문이 이 소식을 1면에 할애했다.

1979년 노엘은 또 기록을 갈아치웠다. 6987자리의 메르센 소수를 찾은 것이다($n=23209$).

같은 해, 젊은 프로그래머 슬로빈스키는 13395자리의 메르센 소수($n=44497$)를 찾아냈다.

1982년, 역시 슬로빈스키는 $n=86243$일 때 M이 소수이며, 이 소수가 2만 5962자리임을 증명하였다.

1983년, 슬로빈스키가 다시 $n=132049$일 때의 메르센 소수를 찾아냈다.

1985년, 사람들은 $n=216091$일 때, 메르센 소수를 찾았다. 이것은 슬로빈스키가 설계한 '소수 발견 프로그램'을 이용했기 때문에 이 공로를 슬로빈스키에게 돌렸다.

1988년, 누군가가 $n=110503$일 때 M이 소수임을 밝혔고 성큼성큼 나아가던 슬로빈스키를 추월하였다.

1992년 31번째 메르센 소수($n=756839$)가 발견되었다.

1994년에는 32번째 메르센 소수를, 1996년에 33번째 메르센 소수가 발견되었다.

신기록

세상은 빠른 속도로 인터넷의 시대로 접어들었다. 1996년 9월 3일 컴퓨터가 34번째 메르센 소수를 찾아내면서 각개전투의 시간은 끝이 났다.

1996년 초 미국 컴퓨터 수학자 조지 월트먼^{George Woltman}은 메르센 소수 계산 프로그램을 만들어 인터넷에 올려 수학자와 수학 애호가들이 무료로 이용할 수 있도록 하였다. 이것이 바로 '메르센 소수 합동 검색 프로젝트^{GIMPS}'이다. 메르센 수를 찾기 위한 '협력화 운동'이 시작된 것이다.

2018년 12월 7일 미국 패트릭 라로쉐^{Patrick Laroche}는 이 프로젝트를 통해 51번째 메르센 소수 $2^{82589933}-1$을 발견했다. 이 수는 모두 24862048자리로 이 책의 출간일까지 찾아낸 가장 큰 메르센 소수이자 가장 큰 소수다.

이 수는 엄청난 수로 크기 또한 어마어마하다. 아마도 1초에 3개의 숫자를 쓴다면 이렇게 큰 수를 베끼는 데는 먹지도 마시지도 않고 일해도 86일이라는 시간이 들 것이라는 추정이 나온다.

제곱근에 10을 곱하다

개방형 시험

청년학자 펑차오칭 박사는 이런 이야기를 한 적이 있다.

중국의 저명한 로켓 전문가 전학삼錢學森이 중국과학기술대학교 역학과 주임으로 부임한 뒤 중국과학기술대학교 제1회 역학과 시험을 치렀다. 이 시험은 두 문제만 출제되었는데 첫 번째 개념 문제는 30점, 두 번째 문제는 70점 배점으로 진정한 시험 문제였다.

"지구상에서 쏘아 올린 화살이 태양을 한 바퀴 돌고 지구로 돌아오는 방정식을 세우고 해를 구하라."

이 문제는 모든 학과 학생들에게 어려운 문제로 개방형 시험이었지만 교과서 어디에도 답이 없었다. 오전 8시 반에 시작된 시험은 점심때가 되어도 답안을 한 명도 제출하지 못했고 중간에 학생 2명이 쓰러져 실려 나갔다. 전 교수는 점심을 먹고 다시 시험에 응하기를 권했다. 결국, 저녁때가 되어도 대다수의 사람은 여전히 답을 내지 못하고 답안지를 제출해야 했다. 그 결과, 성적이 나왔을 때는 무려 95%가 불합격이었다. 그래서 전 교수는 '제곱근에 10을 곱한다'는 묘수를 써서 80%가 합격하도록 했다.

전 교수가 말한 '개방형 시험'은 실제 이야기로 '제곱근에 10
을 곱한다'는 것은 예전에도 누군가가 쓰고 있었던 공식이라는
말을 들은 적이 있다.

'제곱근에 10을 곱한다'에 대한 공식적 분석

우리는 이 문제에 대한 발명권을 논하려는 것이 아니다. 이것
이 도대체 어떻게 나온 것인지 알아보려고 한다.

$$y = 10\sqrt{x}$$

여기서 x는 원점수이고, y는 새로 얻은 점수이다. 가령, 이 공
식이 조금이라도 과학적이라면 그것은 어느 부분일까?

이 공식에는 두 가지 장점이 있다. 하나는 특수한 상황으로
즉, 점수가 오르지도 내리지도 않는 경우를 제외하고는 모두 가
산점을 주고 절대 감점하지 않는다는 것이고, 또 다른 하나의 장
점은 가산점을 주어도 탈이 나지 않는다는 것이다. 가산점을 부
여하는 것은 어렵지 않지만 일반적인 규칙을 벗어나기 쉬운 것
으로 불합리하다는 것을 우리는 안다. 예를 들어, 한 사람당 10
점씩 가산점을 주면 바로 엉뚱한 결과가 나타날 수 있다. 원래
100점을 받은 학생은 10점을 더 준다 해도 만점보다 더 많은 점

수로 기록되진 않는다. 여기에서 설명하는 공식도 100점을 받은 사람의 새로운 점수는

$$y = 10\sqrt{100} = 100$$으로 여전히 100점이다.

또한 시험 점수가 0점인 학생과 결석한 학생은 제곱근에 10을 곱해도 결과는 달라지지 않아 불합리하다. 이 공식에 따르면 원래 0점을 받은 학생의 새로운 점수는

$$y = 10\sqrt{0} = 0$$으로 여전히 0점이다.

0점, 100점을 받은 학생만 제외하고 모두 가산점이 부여되는 것이다.

이것을 증명할 수 있지만 그 과정은 그렇게 흥미롭지 않다.

곡선 $y = 10\sqrt{x}$가 항상 $y = x$의 위쪽($0 \leq x \leq 100$)에 나타난다는 것은 새로 얻은 점수($10\sqrt{x}$)가 항상 원점수(x)보다 크다는 것을 의미한다[그림 1-1].

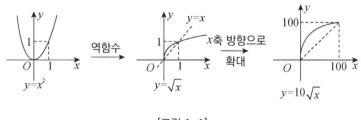

[그림 1-1]

전 교수는 왜 모두에게 가산점을 주는 큰 자비를 베풀었을까? 원래 전 교수는 자신에게는 엄격하고 타인에게는 너그러운 품성으로, 학생들의 성적이 너무 낮아 그들이 자신감을 잃을까 걱정이 되었기 때문이다.

수학으로 다시 돌아가 보자. 0점, 100점을 받은 학생들이 가장 '손해'를 보고 가산점을 받지 못했다. 그렇다면 몇 점이 가장 큰 혜택을 받았을까? 예를 들면, A군은 시험결과 36점을 받았다. 가산점 24점으로 60점이 되었다. B군은 81점에서 가산점 9점을 받아 90점이 되었다. 보기에도 사람마다 더해진 수치는 다른 것 같다. 하지만 25점을 받은 사람이 가장 큰 값의 가산점을 받아 점수가 두 배가 된다는 것을 알 수 있다. 다음은 가산점이 더해진 새로운 점수와 원점수의 차이를 보여준다.

$$y = 10\sqrt{x} - x = 25 - (\sqrt{x} - 5)^2 \leq 25$$

등호는 $\sqrt{x} = 5$일 때 성립한다. 따라서 $x = 25$일 때, y는 최댓값 25를 취한다.

지리명사

지도상의 산맥은 보통 곡선을 두른 선으로 그려지는데 '등고선'이라고 한다[그림 1-2]. 같은 등고선상의 점의 해발고도는 같고 다른 등고선상의 점의 해발고도는 다르다. 등고선을 나타낸 (평면적인)지도는 '입체감'을 가진다.

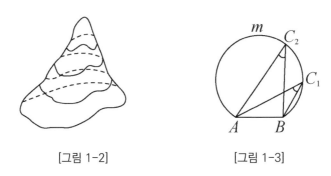

[그림 1-2]   [그림 1-3]

등고선에 숨은 사고思考는 수학에서도 찾을 수 있다.

[그림 1-3]과 같이 호 $\overset{\frown}{AmB}$ 위의 점 A, B에서 그려지는 원주각의 크기는 같다.

예를 들어, C_1, C_2를 정하면 원주각 $\angle AC_1B$와 $\angle AC_2B$는 서로 같다. 만약 A, B에 대한 원주각을 해발고도에 비유한다면 호

$\overset{\frown}{AmB}$는 등고선에 해당한다. 우리는 A, B를 지나는 조금 더 큰 호를 하나 만든다[그림 1-4]. 비록 호 $\overset{\frown}{AnB}$ 위의 점들에 대해 A, B에서 원주각은 모두 같지만, 호 $\overset{\frown}{AmB}$, 호 $\overset{\frown}{AnB}$에 있는 점에 대한 A, B에서 원주각이 각각 다르다. 만약 $\angle ACB = k$이면 $\angle ADB < k$이다. 그래서 호 $\overset{\frown}{AmB}$, 호 $\overset{\frown}{AnB}$는 서로 다른 등고선으로 볼 수 있다.

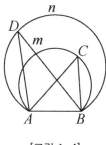

[그림 1-4]

다음은 1986년에 중국에서 출제된 대학 입시 문제를 조금 바꾼 것이다.

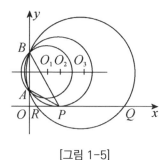

[그림 1-5]

[그림 1-5]와 같이 y축 위에 두 점 A, B가 있다. $\angle APB$가 최대가 되도록 하는 x축 위의 점 P를 구하여라.

이 문제는 우선 점 A, B를 지나는 임의의 원을 그린다. 예를 들면 먼저 점 O_1을 중심으로 하는 원을 그리면 y축 오른쪽의 호는 등고선이다. 그 위의 점 A, B에서 원주각의 크기는 일정한 값(k_1으로 표시)이지만, x축과의 교점이 없다.

다시 점 O_3를 중심으로 하고 점 A, B를 지나며 원 O_1보다 큰 원을 그린다. y축 오른쪽의 호는 등고선으로, 이 등고선 위의 점에서 점 A, B와 연결하여 만들어진 원주각(k_2으로 표시)의 크기는 k_1보다 작다.

점 O_3를 중심으로 하는 원과 x축은 두 교점 Q, R을 가지며 $\angle AQB = \angle ARB = k_2 < k_1$이다. 점 A, B를 지나는 원이 클수록 그 오른쪽 호의 점들은 A, B에서 그은 원주각의 크기가 작고 반대로 원이 작을수록 원주각은 크게 나타난다. 큰 원주각을 얻기 위해서는 작은 원에서 그은 원주각에서 찾아야 한다.

하지만 문제에서 원하는 점은 x축 위에 있다. 그러므로 원과 x축의 교점 중에서 찾을 수밖에 없다. 점 O_2를 중심으로 하고 점 A, B를 지나는 원이 x축과 만날 때, 점 O_2를 중심으로 하는 원과 x축과의 교점 P가 바로 구하려는 점이다.

등고선의 사고를 이용하여 수학문제를 해결하려고 할 때, 어떤 값이 우리의 관심사인지 분명히 인식해야 한다. 이 문제에서 우리의 관심사는 점 A, B에서 만들어진 원주각으로 이것은 지도에서 '해발고도'에 해당한다. 그다음 이 지표를 하나의 값으로 만들면 등고선을 그릴 수 있다.

선형계획

20세기에 탄생한 선형계획은 생산, 운송 등 경제활동의 문제점을 효과적으로 해결할 수 있는 수학적 방법을 연구하는 것이다. 선형계획$^{Linear programming}$은 구소련 수학자 레오니드 칸토로비치$^{Leonid Kantorovich}$가 1938년에 제안하였지만, 그의 성과는 구소련 내에서만 전파되었다.

칸토로비치의 작업은 1950년 쿠프만스^{Koopmans}가 칸토로비치의 저서 《생산 조직과 생산 계획의 수학적 방법》을 번역하면서 세상에 알려졌다. 칸토로비치와 쿠프만스은 훗날 노벨 경제학상을 공동 수상했다.

선형계획의 핵심 사고는 바로 등고선이다. 다음의 예는 전형적인 선형계획의 문제이다.

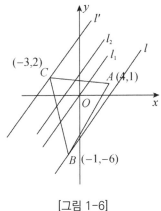

[그림 1-6]

변수 x, y가 어떤 조건하에서 변할 때, x, y의 일차 함수(일명 선형 함수)의 최댓값(최솟값)을 구하시오.

평면 R 위에 점 $A(4, 1)$, $B(-1, -6)$, $C(-3, 2)$ 세 점을 꼭짓점으로 하는 삼각형 영역(내부 및 경계 포함)을 표시한다. 점(x, y)가 평면 R 위의 점일 때, 함수 $4x-3y$의 최댓값과 최솟값 [그림 1-6]을 구한다.

$4x-3y=0$은 (원점을 지나는)직선 l_1로 그릴 수 있다.

$4x-3y=-7$은 직선 l_2로 그릴 수 있다.

……

$4x-3y$의 값이 달라질 때마다 다른 위치에 평행선을 그을 수 있다. 이 평행선의 위치가 왼쪽 위에 있을 때 $4x-3y$의 값은 작

고, 위치가 오른쪽 아래에 있을 때 $4x-3y$의 값은 크다. 따라서 $4x-3y$의 값을 최소화하기 위해 [그림 1-6]의 점 C를 지나는 직선 l'을 고려해야 한다.

이때 $4x-3y=k$라고 하자.

직선 l'이 점 $C(-3, 2)$를 지나므로

$$4 \times (-3) - 3 \times 2 = k$$

$$k = -18$$

이다. 따라서 직선 l'의 방정식은 $4x-3y=-18$이고 $4x-3y$의 최솟값은 -18이다.

$4x-3y$의 최댓값은 점 B를 지나는 직선 l일 때이므로 직선 l의 방정식을 구하면 $4x-3y=14$이고 즉, $4x-3y$의 최댓값은 14이다.

평행선은 모두 등고선이다. 선형계획 문제에서 x, y는 어떤 볼록 다각형 위에서 움직이며, 목표함수(최댓값 또는 최솟값을 구하는 함수가 필요하며, 위 문제에서는 $4x-3y$)는 일차함수이다. 따라서 점(x, y)은 반드시 볼록 다각형의 어느 꼭짓점에 있다. 이 경우, 볼록 다각형의 각 꼭짓점에서 목표함수 값을 계산해 비교하면 최적인 해를 구할 수 있다.

　연못의 물고기를 그냥 내버려두면 번식을 거듭하다 연못 안이 물고기로 가득 차게 될까? 하지만 이런 일은 일어나지 않는다. 처음에는 물고기가 빨리 자라서 포화상태에 이를 수도 있다.

　수학적으로 이런 현상을 어떻게 설명할까? 우리는 물고기의 번식 곡선 $y=f(x)$를 그리는 방법을 생각할 수 있다. x는 어느 해의 물고기 총량을, y는 1년 후의 물고기 총량을 나타낸다.

　처음 물고기의 총량을 x_0, 1년 후 물고기 총량을 y_0라고 하면 2년 후, 물고기의 총량은 얼마가 될까? [그림 1-7]과 같이 x축에서 좌표가 x_0인 점을 찾아 $f(x)$를 이용하여 1년 뒤 물고기의 총량인 y_0를 계산할 수 있다(점 A에 대응). 편의상, 직선 $y=x$를 긋고 점 A점을 지나고 x축에 평행한 직선을 그었을 때, 직선 $y=x$와의 교점을 B라고 한다. 점 B에서 y축에 평행선을 그으면 x축 위의 점 C에서 만나고 C의 x좌표를 x_1이라고 한다. 이때 $y_0=x_1$이다. 같은 방법으로 $f(x)$를 이용하면 2년 후 물고기 총량 y_1을 찾을 수 있다.

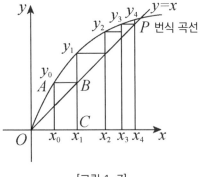

[그림 1-7]

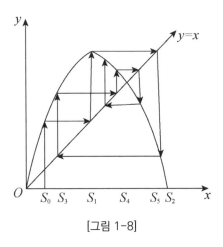

[그림 1-8]

그림처럼 천천히 계단식으로 평형점 P에 접근하면 이후 물고기 총량은 더 이상 늘지 않는다[그림 1-7]. 하지만 모든 번식 곡선이 이렇게 평형점을 만들 수 있는 것은 아니다. [그림 1-8]처럼 번식 곡선이 거미줄처럼 나타나는 경우가 있는데 이는 생물학뿐만 아니라 경제학에서도 나타나는 상황이다.

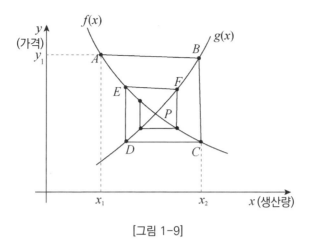

[그림 1-9]

소비자의 관점에서 말하면 어떤 상품의 생산량이 많을수록 가격은 더 낮아진다. [그림 1-9]는 생산량 x의 증가에 따라 가격 y가 감소하는 곡선 $y=f(x)$이다.

생산자의 관점에서 말하면 제품 가격이 높을수록 생산량을 늘리려고 하므로 가격과 생산량이 점점 커지는 관계가 되며 이는 곡선 $y=g(x)$이다.

소비자 관점에서 곡선 $f(x)$와 생산자 관점에서 곡선 $g(x)$는 하나의 교차점 P를 형성한다. 가령, 어느 시기에 어떤 상품의 생산량은 x_1이고 가격은 y_1이라면, 우리는 그림에서 상응하는 점 A를 찾을 수 있다.

이때는 생산량은 비교적 적고, 가격은 비교적 높다. 생산자의 생각은 가격이 매우 높기 때문에 상품의 생산량을 크게 늘려야 하며, 곡선 $g(x)$에 따라 그에 맞는 점 B를 찾는다. 이때 생산량은 단숨에 x_2로 끌어올려지고 생산량이 늘자 소비자들의 구매가격은 떨어진다(점 C). 가격이 떨어지자 생산자는 적극성이 없어져 그만큼 생산량이 감소한다(점 D).

......

이것으로 미루어 거미줄처럼 돌고 돌아 결국 가격과 생산량의 균형점(점 P)이 맞춰진다는 것을 알 수 있다.

1980년대 말, 중국에 컬러TV의 수급은 매우 빠듯했다. 이에 여러 기업이 이윤이 높은 컬러TV로 우르르 몰려들었다. 전국에 원래 4개의 생산라인만 있었는데, 이후 몇십 개의 생산라인이 신설되었다. 그 결과, 생산량이 크게 증가하였지만 공급이 수요를 초과해 버렸다. 판매가 부진하면 가격이 떨어질 수밖에 없으므로 기업은 생산의 적극성을 잃게 되었다. 결국 어려움에 처한 기업들은 문을 닫게 되었다. 상하이의 경우 4개의 유명 TV 브랜드와 중소 브랜드 컬러TV가 있었지만 이제 한 곳도 남지 않을 것으로 예상된다. 현재 전국에는 여전히 많은 TV 브랜드가 있지만, 발전은 이미 점차 평형을 지향하고 있다.

상생과 상극의 자연계

과거 이탈리아의 한 항구도시는 어업이 발달했지만 어업회사의 경영 상황은 매우 불안정하였다. 자연의 영향을 크게 받아 올해는 풍년(생산량이 많다)이더라도 내년은 흉년(생산량이 낮다)일 수 있어 경영 상황은 호황과 불황을 반복했다.

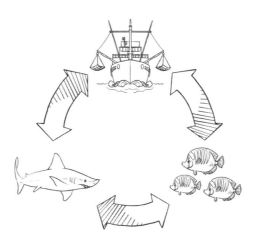

어류도 풍년, 흉년의 구분이 있다는 게 믿기지 않는가? 1920년대 어느 항구의 전체 어획량에서 상어가 차지하는 비율을 살펴보자[표 1-1].

연도	1914	1915	1916	1917	1918	1919	1920	1921	1922	1923
상어 총수확량 (톤)	11.9	21.4	22.1	21.2	36.4	27.3	16.0	15.9	14.8	10.7

[표 1-1]

"어느 해는 포획량이 엄청나게 많고 어느 해는 적다는 게 어떤 이치인가?"

생물학자 안코나D'Ancona는 당혹스러웠다. 고심 끝에 안코나는 제1차 세계대전이 어업을 침체시켜 어획량이 감소했기 때문에 상어가 먹을 수 있는 중소형 어류의 자원이 풍부해 상어의 번식을 가속화시켰다고 설명했다.

하지만 그 이유로는 불충분한 것 같았다. 다른 시각의 학자들은 상어의 어획량이 줄면 번식이 빨라지겠지만 상어의 사료인 중소형 어류군도 늘어나야 하기 때문에 전체 어획량에서 상어의 어획량이 차지하는 비중이 크게 늘어날 이유가 없다고 말했다.

어쩔 수 없이 안코나는 수학자 볼테라V.Volterra에게 도움을 청했다. 볼테라는 미분방정식 원리를 이용하여 중·소형 어류 수 y와 총어획량 x의 관계를 나타내는 함수식을 얻었다.

$$y = \frac{a+x}{b} \tag{1}$$

또 다른 함수는 상어 수 z와 총어획량 x의 관계이다.

$$z = \frac{c - x}{d} \qquad (2)$$

이 두 식으로 알 수 있는 것은 총어획량 x가 증가하면 포식자 (상어) z가 줄어들고 피식자 y는 증가하며, 반대로 x가 감소하면 z는 증가하고 y는 감소한다는 것이다.

1914년부터 1918년까지 제1차 세계대전으로 어획량이 감소하였고 상어 수가 빠르게 증가하였다. 1918년 종전, 어획량 증가로 상어 수는 급격히 줄어들었다.

이 원리는 '볼테라의 원리'라고도 불리는데 이제 생물 영역까지 그 범위가 확장되었다. 예를 들면, 왜 맹독성 농약은 허용이 안 될까? 친환경적인 이유 외에 맹독성 농약은 대규모의 해충을 죽이고 해충의 천적도 죽인다. 원래 목적은 벌레를 많이 죽이는 것인데, 실제로는 해충의 천적 수량이 더 빨리 감소하는 결과를 낳아 오히려 해충 생장에 도움을 주게 된다.

자연은 이렇게 서로 의지하며 공존하니 상극 상생이라 할 수 있다.

카오스와 파이겐바움 상수

다양한 종류의 매미는 성장 법칙도 매우 흥미롭다. 생명주기가 3년인 매미는 성충으로 몇 주 살다가 알을 낳는다. 그 알이 유충으로 변한 뒤 땅속으로 들어가 3년 동안 뿌리에 붙어 살며 부화 후 매미가 된다. 그리고 생명주기가 7년, 심지어 17년인 매미들도 있는데, 각각 '3년 매미', '7년 매미', '17년 매미'로 불린다.

생물학자들은 매미의 생명주기 규칙을 찾으려고 했다. 예를 들어 이 해의 '17년 매미'의 수를 이미 알고 있다면 다음 해 매미의 수가 얼마가 될지 등이다. 이를 위해 생물학자들은 다음과 같은 함수식을 연구하였다.

$$x_{n+1} = f(x_n)$$

가장 흔히 볼 수 있는 함수식은 다음과 같다.

$$x_{n+1} = kx_n(1-x_n) \tag{1}$$

식 (1)을 살펴보자. 검토 전에 부동점의 개념을 소개하려고 한다. [그림 1-10]에 포물선과 직선이 그려져 있다. 포물선의 식은 이차함수이며, 직선은 제1사분면을 이등분하는 방정식으로 $y=x$이다. x축 위의 임의의 값 x_0을 취하여 이차함수 위의 점 A를 찾는다. 점 A를 지나고 x축에 평행한 직선이 $y=x$와 점 B에서 만난다. 점 B를 지나고 y축에 평행한 직선은 점 B의 x좌표로 나타낼 수 있으며 x_1임을 알 수 있다. 따라서 점 A, B의 y좌표는 모두 x_1이다.

$$1 < k < 3$$

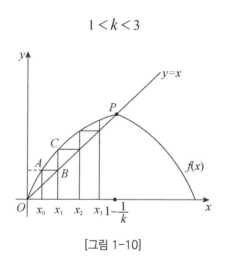

[그림 1-10]

점 B를 지나는 y축에 평행한 직선과 이차함수의 그래프는 점 C에서 만난다. 그래프에서 점 C의 y좌표는 x_2임을 알 수 있다. 이런 식으로 [그림 1-10]에서 보는 것과 같이 x_0, x_1, x_2,⋯로 계단모양을 그린다. [그림 1-10]에서 계단은 결국 점 P로 수렴하고 이 점 P를 부동점이라고 한다.

$$0 < k < 1$$

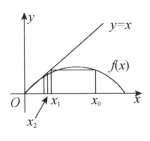

[그림 1-11]

자, 이제 식(1)의 토론으로 돌아가자.

1. $0 < k < 1$일 때, 과정은 [그림 1-11]과 같다. 임의의 초깃값 x_0은 여러 과정을 거치면서 부동점 O으로 수렴한다.

2. $1 < k < 3$일 때, 과정은 [그림 1-10]과 같이 $1 - \dfrac{1}{k}$(점 P의 x 좌표)로 수렴한다.

$$3 < k < 1 + \sqrt{6}$$

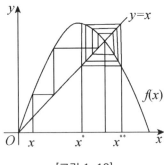

[그림 1-12]

3. $3 < k < 1+\sqrt{6} \fallingdotseq 3.499$일 때, 과정은 [그림 1-12]와 같다. 이때 초깃값에서 과정을 거치면서 얻은 값들은 어떠한 값에도 수렴하지 않고 두 값 사이를 왔다 갔다 하는데, 이 두 값은 x^*, x^{**}이다.

$$x^* = \frac{1}{2k}\{1+k+\sqrt{(k+1)(k+3)}\}$$

$$x^{**} = \frac{1}{2k}\{1+k-\sqrt{(k+1)(k+3)}\}$$

x^*를 (1)에 대입하면 x^{**}를 얻는다. x^{**}를 (1)에 대입하면 다시 x^*가 된다. 이런 식으로 순환한다.

4. $1+\sqrt{6} < k < 3.544$이면, 2개의 주기점이 4개의 주기점으로 바뀐다.

$$0.3828 \rightarrow 0.8269$$
$$\uparrow \qquad\qquad \downarrow$$
$$0.8750 \leftarrow 0.5009$$

k가 커짐에 따라, 주기점의 개수는 끊임없이 증가한다. 이와 같이, 1을 2로, 2를 4로 하는 과정을 '분기 과정'이라고 한다. k=3은 1을 2로 한 분깃값이고, k=1+$\sqrt{6}$ (≒3.499)는 2를 4로 한 분깃값, k=3.544는 4를 8로 한 분깃값, k=3.564는 8을 16으로 한 분깃값이다. 이 분깃값은 점차 k=3.569945972로 커지면 주기는 ∞가 되어 혼돈 상태가 된다.

초깃값도 어떤 과정을 거치면서 유한값에 수렴하지 않고 x_n은 전체 [0, 1] 구간 안에서 완전히 불규칙적으로 나타난다. 한 가지 확실한 것은 이차함수 $y=kx(1-x)$가 과정을 거치면서 불확실성이 생겼다는 점에서 황당하지만 이 역시 실제로 존재하는 현상이다.

혼돈에는 법칙이 없는 걸까? 1975년 8월 미국 코넬대학의 미첼 파이겐바움은 앞서 말한 k에 대한 식 $\dfrac{k_m - k_{m-1}}{k_{m+1} - k_m}$의 값을 계산했다. 그는 혼돈 상태일 때 이 식의 값이 4.669201629로 확실하다는 사실을 알아냈다. 파이겐바움이 대량의 함수를 계산해 보니, 놀랍게도 모두 이 값을 얻을 수 있었다.

이것은 우연의 일치 아닌가? 절대 우연이 아니다. 수학자들은 아직 그 오묘함을 알지 못하지만, 자연계가 알려주는 상수로 여기고 있으며, 이 상수는 '파이겐바움 상수^{Feigenbaum constant}'라고 명명하고 있다. 오늘날 이 상수는 원주율 π, e, 황금율 0.618과 마찬가지로 유명하다.

파이겐바움은 1944년생으로 1970년에 소립자물리학 박사학위를 받았다. 그는 혼자 네다섯 시간씩 산책하며 생각하는 습관이 있었는데 이를 수상하게 여긴 현지 경찰이 장기 미행을 하기도 했다고 한다.

그는 일하는 모습도 광기에 가까웠다. 파이겐바움 상수를 발견하기 전 두 달 동안은 하루 22시간씩 일하며 식사는 고기와 적포도주, 커피만 마시며 담배를 즐겨 피웠다고 한다. 결국 의사는 잠과 영양 상태가 불량한 그에게 휴가를 강요하기에 이르렀다.

당시 파이겐바움은 구식 컴퓨터를 이용하여 값을 계산했다. 이런 컴퓨터는 속도가 너무 느려 기계 작업을 할 때는 애타게 기다려야 했는데 그는 이럴 때 다음이 어떤 값일지 계산하곤 했다. 이런 예민한 사고 때문에 그가 규칙을 발견할 수 있었을지도 모른다. 그는 당시 속도가 빠른 고급 컴퓨터를 사용했더라면 이 상수를 발견할 기회를 놓쳤을 것이라고 말했다.

세상일은 바로 이와 같다. 나쁜 것이 때로는 좋은 일이 될 수 있다.

세계의 중심

아반티는 매우 총명한 사람으로 유머러스한 성격에 남을 돕는 것을 즐기는 사람이었다. 그래서 많은 사람으로부터 사랑을 받았다. 한번은 아반티가 국왕을 만나게 되었다. 왕은 자신이 가장 똑똑한 사람이라고 생각했는데 사람들이 아반티가 제일 똑똑하다고 하니 인정하고 싶지 않았다. 그래서 아반티와 지혜를 겨뤄 보고 싶었다. 왕은 타고 있던 말을 멈춰 큰길 한복판에 세워놓고 아반티에게 물었다.

"아반티, 세상의 중심은 어디인가?"

아반티는 자신의 당나귀를 바라보며 생각에 잠기다가 이렇게 말했다.

"바로 제 당나귀가 서 있는 여기입니다."

아첨에 능한 신하라면 '세계의 중심은 왕이 서 계시는 곳'이라고 말했을 것이다. 그런데 아반티는 세계의 중심은 자신의 못생긴 당나귀가 서 있는 자리라고 말하자 왕은 이를 듣고 기분이 좋지 않아 이렇게 말했다.

"무슨 이유로 세상의 중심이 너의 그 못생긴 당나귀가 서 있는 곳이라고 생각하느냐?"

아반티는 침착하게 대답했다.

50

"어제 제가 시내에 갔는데, 마침 이 시간에 당나귀가 이곳을 지나갔습니다. 오늘은 제가 집으로 돌아가는데 제 당나귀가 또 여기에 있네요. 그러니 지금 당나귀가 서 있는 곳이 세계의 중심 아니겠습니까?"라고 반문했다.

왕은 멍하니 계면쩍은 듯 "이런 공교로운 일이 있다니?"라고 멋쩍어했다. 아반티는 손으로 수염을 어루만지며 어깨를 으쓱거리고 당나귀를 끌고 갔다.

아반티의 말은 당연히 왕을 기만하는 표현이다. 하지만 아반티 자신은 몰랐을지 모르지만, 그의 말에는 심오한 이치가 있었다. 바로 현대 수학의 원리가 담겨 있는 것이다.

연속인 함수를 하나 가정하자. $x=1$일 때, 함숫값은 양수이고 $x=2$일 때, 함숫값은 음수이다. 그렇다면 x가 1과 2 사이에 있을 때, 함숫값이 0이 되게 하는 수가 있다. 이것은 매우 직관적인 이치로, 수학에서는 이를 '중간값 정리'라고 한다. 이 정리에 근거하여 우리는 다음의 사실을 분석해 보자.

고무줄 하나를 길게 늘려서 양 끝을 미터자의 끝에 고정한다. 그다음 빨간색으로 미터자와 같은 눈금을 그린다. 이어서 고무줄을 푼다. 이때 고무줄의 눈금은 바짝 붙어 있다. 고무줄의 재질은 균일하지 않다고 가정한다면 고무줄의 수축 또한 균일하지 않다. 예를 들어, 원래 시작점은 미터자의 눈금인 26에, 끝은

80에 있고 고무줄에는 40을 표시하였다. 이 지점은 미터자의 47
에 나타낼 수 있다.

이제 파란색으로 고무줄 위에 미터에 상응하는 눈금[그림
1-13]을 그린다.

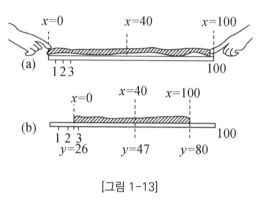

[그림 1-13]

우리는 빨간색으로 눈금 x를 기록한다. 파란색 눈금은 y로 표
기한다. x와 y가 모두 0에서 100 안에 있다는 것을 어렵지 않게
알 수 있다. 고무줄은 고르지 않기 때문에 x, y 간 대응 규칙은
알기 어렵다. 단언하건대, 고무줄 위에 최소 한 점은 두 가지 색
의 눈금과 일치한다고 볼 수 있다.

어떤 이는 무슨 근거로 그렇게 되느냐고 반문할 수도 있다. 이
치는 매우 간단하다. 우리는 잠시 오른쪽 끝부분만 본다. 고무줄
이 왼쪽으로 수축되어가므로 빨간색보다 파란색 눈금이 작아졌
다. 예를 들어, 고무줄의 오른쪽 끝점과 빨간색 눈금이 100이라

면 파란색 눈금이 80이므로 파란색 눈금은 빨간색 눈금보다 작지 않은가?

즉, $y < x$, 또는 $y-x$는 음수이다. 우리가 다시 고무줄의 왼쪽 끝부분을 보면, 고무줄이 오른쪽으로 수축하기 때문에 $y-x$는 양수이다. $y-x$의 값은 연속적으로 변한다. 양수에서 음수로 가는 도중에 반드시 0인 순간이 있다. 즉, 고무줄 위에는 항상 $y-x=0$이 되는, 다시 말해 두 가지 색의 눈금이 같은 순간이 있다. 이를 '부동점 원리Fixed point Theorem'라고 하며 네덜란드 수학자 브라우어Brouwer가 1912년에 증명하였다.

아반티는 어제는 시내로 나가는 길이었고 오늘은 시내에서 집으로 돌아가는 길이라고 하였다. 그가 같은 시간의 범위 내에서 같은 길을 간다고 가정하면 반드시 한 번은 그가 지나는 시간과 같은 순간이 있다는 것으로 이것이 바로 부동점의 원리이다.

부동점 원리에 따라, 다음과 같은 흥미로운 결론이 성립함을 알 수 있다.

종이 한 장과 상자 하나를 준비하자. 종이로 상자의 밑바닥을 덮는다. 종이의 점과 상자 밑의 점을 하나하나 맞춘다. 그런 후, 이 종이를 구겨서 박스 안에 아무렇게나 던진다. 어떻게 구겼든, 어느 자리에 버리든, 종이 위에는 공교롭게도 원래 짝을 이뤘던 상자 밑의 점 위에 있다.

팽팽한 고무막으로 세계지도를 덮고 지도를 그린 뒤 고무막을 느슨하게 푼다고 해도 고무막은 여전히 세계지도를 덮고 있다. 이때 고무막에 점을 찍을 수 있는데 '도쿄', '런던'이라는 점이 '모스크바'를 향했을 수도 있다. 그런데 항상 표시되는 변화 없는 위치가 있다. 그러나 이것이 도대체 어떤 점인지 우리는 모른다.

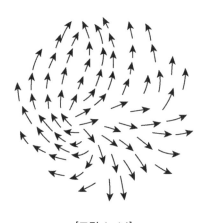

[그림 1-14]

기상청에서는 매일 일기예보를 한다. 어느 날, 지구상에 바람이 세차게 부는 것처럼 보인다면, 수학자는 지구상에는 바람이 없는 지점이 최소한 한 군데는 있다고 단언할 수 있다[그림 1-14].

54

하디의 유언과 리만 추측

임종 유서

어느 날, 영국의 저명한 수학자 하디는 덴마크에서 영국으로 급히 귀국해야 할 일이 생겼다. 그런데 불행히도 부두에는 작은 배 한 척만 남아 있었다. 덴마크에서 영국까지는 수백 킬로미터의 바다를 건너야 하는데 풍랑이 높은 망망대해에서 작은 배를 타는 것은 위험천만한 일이었다.

승객들은 여행의 안전을 위해 하느님께 기도하기 바빴다. 하지만 하디는 확고한 무신론자로 다른 사람들이 기도하는 모습을 보며 '나는 뭘 해야 하지?'라는 생각에 유서를 쓰기로 했다. 그는 부둣가의 우체국에서 엽서를 한 장 샀는데, 무엇을 써야 할까 잠시 생각했다. '유산을 어떻게 분배할 것인가? 아니다.' 그는 결심한 듯 이렇게 썼다.

"나는 이미 리만 추측을 증명했다!"

그는 이 유서를 누구에게 보냈을까? 친구이면서 과학계의 권위자여야 한다는 생각에 물리학자 보어에게 엽서를 보냈다.

여러분도 기억하겠지만, 페르마가 책 모퉁이에 "나는 이미 증명했지만 여백이 부족해….”라는 글을 써서 수백 년 동안 수학자들을 들볶았는데 이제 하디에게서도 이런 말이 나오니 또 얼마나 큰 충격파가 되겠는가! 하디는 자신의 걸작에 대해 매우 의기양양해했다.

하디는 과연 리만 추측을 증명했을까? 물론 아니다. 목숨이 걸린 순간에 죽음을 두려워하지 않는 것은 위대해 보이기도 한다. 게다가 절체절명의 순간에 이런 유머러스한 마음가짐을 가진 사람은 무척 드물다. 그런데 왜 그는 이런 엉뚱한 ‘유언’이 담긴 엽서를 보낸 것일까?

그가 무사히 영국에 도착했을 때, 그는 보어에게 자초지종을 설명하였다.

“내가 탔던 배가 침몰했다면 나는 죽었을 것이고, 사람들은 내가 리만 추측을 확실히 증명했다고 믿을 수밖에 없네. 그렇게 되면 나는 그야말로 만세에 명성을 떨칠 수 있었을 것이야.”라며 이어서 “나는 하나님을 절대 믿지 않는 사람일세. 그러니 하느님이 정말로 있다면 나를 이렇게 ‘영광스럽게’ 죽도록 보트를 침몰시키지는 않을 것이야.”

이것은 완전한 반증법이다. 그렇다면 리만 추측은 도대체 어떻게 되었을까?

리만 추측

1859년, 독일의 수학자 리만은 베를린 과학원에 〈주어진 수보다 작은 소수의 개수에 관하여〉라는 8쪽짜리 논문을 제출했다. 이 논문은 수학자들이 오랫동안 관심을 보여 온 소위 리만 추측 문제 즉, 소수 분포를 연구한 것이다.

어떤 이는 페르마 추측, 골드바흐 추측은 들어봤어도 리만 추측은 들어보지 못했다고 할지도 모른다. 그렇다. 페르마 추측과 골드바흐 추측은 언뜻 듣기에 어렵게 들리지만 그 내용은 그다지 어렵지 않게 이해할 수 있다. 하지만 리만 추측은 그렇지 않다. 처음부터 많은 용어와 기호를 다루고 있어서 수학에 문외한인 이들은 이해가 힘들 것이다. 하지만 페르마와 골드바흐 추측에 비해 유명도는 떨어질지언정 수학적 중요성은 둘을 훨씬 뛰어넘는다.

리만은 소수 분포의 신비가 완전히 매장되어 있다는 것을 발견했다. 특수한 함수 중에서 특히 그 함수의 값을 0으로 취하게 하는 일련의 특수한 점들은 소수 분포의 법칙에 결정적인 영향을 준다. 그 함수는 오늘날 리만 제타 함수 ζ라고 불리며, 그 일련의 특수한 점들을 리만 제타 함수 ζ의 비자명한 영점이라고 한다. 이 함수의 표현식은 다음과 같다.

$$\zeta(s) = \sum_{n=1}^{\infty} \frac{1}{n^s} \quad (\text{Re}(s) > 1, n \in N^+)$$

리만은 그 논문에서 방정식 $\zeta(s)=0$의 모든 유의미한 해는 일직선상에 있지만, 그는 자신이 이 명제를 증명할 수 없음을 분명히 인정했고, 이 명제는 후에 리만 추측으로 불렸다.

또 하나의 이야기

리만 추측은 많은 수학자의 역량을 높일 수 있었다. 수학자들은 이를 증명하려다 갖가지 방식과 수학적 사고를 하게 되었고, 어떤 이는 수치를 검증하기도 했다. 우리는 골드바흐의 추측을 증명할 때 대부분의 수학자가 검증된 아이디어를 사용했던 것을 기억한다.

리만 추측에 대해 어떤 이는 350만 개의 데이터를 검증했다. 이 350만 개의 영점이 모두 경계선에 있다는 것을 발견하고, 리만 추측에 대한 수학자들의 믿음은 크게 높아졌다.

하지만 여전히 믿지 않는 사람들도 있었다. 독일 막스 플랑크 수학연구소의 돈 자이에Don Zagier라는 수학자는 이런 검증을 대수롭지 않게 여겼다. 그가 보기에 정수는 무한히 많기 때문에 350만 개로는 문제가 도저히 설명이 안 되는 것이었다. 그러자 이탈리아 수학자인 엔리코 봄비에리Enrico Bombieri가 반대 의견을 냈다. 한 사람은 대수롭지 않게 여기고, 또 한 사람은 절대적으로 믿었기 때문에 서로 인정하지 않으려 맞서 싸웠다. 어떻게 되었을까? 결국 돈 자이에가 내기를 제안했다.

그렇다면 영점을 몇 개나 계산해야 충분하다고 할 수 있을까? 믿기지 않겠지만 그가 제시한 개수는 3억 개다. 두 사람은 이 개수를 기준으로 3억 개의 영점 안에 반례가 생기면 리만 추측이 부정되어 자이에가 이기고, 반대로 리만 추측이 입증되거나 증명되지는 않았지만 3억 개의 영점에 반례가 나오지 않으면 봄비에리가 이기는 셈이 되는 것이다.

판돈은 얼마였을까? 만 달러? 10만 달러? 아니다. 그들은 단지 와인 두 병을 걸고 이 대단한 내기를 하였다. 수학자들은 늘 엉뚱한 사고력으로 예상을 빗나가는 행동을 한다. 이미 350만 개는 계산되었으니 3억 개에 비교하면 적은 수이지만 당시 컴퓨터의 계산 속도로 비춰볼 때 이 내기는 30년이 지나야 승부가 갈릴 것으로 자이에는 예상했다. 그런데 컴퓨터 기술의 발전 속도를 과소평가한 것이 분명하다. 무어의 법칙은 당시 처음 제기돼 아직 세상에 알려지지 않았지만 컴퓨터 속도가 18개월마다 두 배로 빨라졌다.

사실상 내기가 제기된 지 10년도 안 된 해인 1979년 한 컴퓨터 수학자가 영점을 2억 개까지 찾아내었는데 이 영점이 모두 경계선에 있었다.

"이 2억 개가 정말 그렇게 맞아떨어지다니!" 형세가 자이에에 게 매우 불리해지자 그는 조금은 긴장한 듯 보였다. 그런데 영점 2억 개를 계산해낸 그 컴퓨터 수학자는 두 사람의 내기에 대해 전혀 관심없는 듯 영점 2억 개를 계산한 뒤 연구를 중단했다. 이 에 자이에는 안도의 한숨을 내쉬었다.

그런데 뜻밖에도 누군가가 두 사람의 내기에 관한 것을 컴퓨 터 수학자에게 알렸다. 컴퓨터 수학자는 듣자마자 흥분해 예산 을 신청하고 인력을 조직하는 등 새로운 장정을 계속했다. 그 가 3억 개의 영점까지 찾아내었지만 리만의 추측은 요지부동이 었다.

결국 자이에는 패배하게 되었고 그는 약속을 이행하기 위해 와인 두 병을 준비했다. 그들이 마신 이 두 병의 와인은 세계에 서 가장 비싼 와인이 되었다. 이 내기를 위해 컴퓨터 수학자가 영점 1억 개를 더 계산해 약 70만 달러의 연구비를 썼기 때문이 다. 와인 한 병당 35만 달러와 교환한 것이다.

컴퓨터 수학자는 함께 마셨을까? 사실 그는 이 와인을 마실 자격을 충분히 갖춘 자였다. 이 와인 두 병을 다 마시고 나서부 터 자이에도 리만 추측에 대해 굳게 믿게 되었다.

그러나 수학은 3억 개의 영점에 대해 성립하더라도 이것으로 리만 추측이 옳다고 말하지는 않는다.

이중 난제

2015년 11월 17일 영국 '데일리메일'은 나이지리아의 오페예미 에노크Opeyemi Enoch가 리만 추측을 해결했다고 보도했다. 그리고 2018년 9월 24일 필즈상과 아벨상을 동시에 수상한 마이클 아티야 경은 리만 추측을 스스로 입증했다고 밝혔다. 하지만 이런 결과는 수학계에서 긍정적으로 받아들여지지 않았다. 리만 추측은 아직도 성공적으로 입증되지 못하고 있다.

1900년 힐베르트가 제시한 23가지 수학 문제는 후대 수학의 발전을 이끌었다. 하지만 리만 추측은 그중에서도 아직까지 해결되지 않은 문제 중 하나이다. 2000년 새로운 세기를 맞아 미국 크레이 수학연구소에서 밀레니엄 난제라는 7가지 난제를 제기했을 때 리만 추측도 그중 하나로 지목되었다. 리만 추측은 '힐베르트 문제'이자 '밀레니엄 난제'로 이중 난제에 올랐다.

리만 추측은 중대한 의미가 있다. 리만 추측과 페르마 대정리는 이미 일반 상대성이론과 양자역학이 융합된 M 이론M-theory의 기하학적 위상적 운반체가 되었다. 리만 추측은 소수의 문제일 뿐 실제 응용할 가치가 없어 보였는데 양자역학과 관련이 있을 줄은 상상도 못했다.

이 외에도 현대 수학의 많은 다른 분야와도 관련이 있다. 누군가가 통계를 냈는데, 오늘날 리만 추측의 성립을 전제로 한 수학 명제는 이미 1000개가 넘는다는 것이다. 리만 추측이 증명되면 그 수학 명제들은 모두 정리로 승격될 수 있고, 반대로 리만 추측이 부정되면 최소한 일부 명제는 영예로운 희생이 될 수 있다.

나는 머지않은 미래에 리만 추측이 원만히 해결되기를 기대한다.

2장

확률

수학 이야기

동전 던지기로 승부 정하기

　스포츠 경기에서 사람들은 동전 던지기로 누가 먼저 서브를 넣어야 할지를 정하거나, 때로는 승부를 결정하기도 한다.

　제10회 세계탁구선수권대회에서 프랑스와 루마니아의 경기가 있었다. 시합에서 두 선수는 범상치 않은 실력으로 공이 길든 짧든, 높든 낮든, 왼쪽이든 오른쪽이든 항상 안전하게 서로의 공을 쳐냈다. 오전 10시부터 시작된 경기 초반에는 관중들이 뜨거운 박수를 보냈다. 하지만 시간이 흐르면서 그들의 단조로운 전술을 눈치 챈 관중들은 지루함을 느끼기 시작했다.

　오후 6시가 되었지만 2대 2로 다시 결승전을 치러야 했다. 관중뿐만 아니라 심판도 견딜 수가 없는 한계에 다다랐다. 탁구 심판의 머리는 경기 내내 공을 따라 좌우로 왔다 갔다 해야 했으므로 장기간 흔들려 목도 견딜 수 없을 지경이었다. 이럴 때는 어떻게 하는 게 좋을까? 심판은 부득이하게 30분 안에 경기를 끝내라는 명령을 하였다. 하지만 양측 선수들은 아랑곳하지 않고 끈질기게 밀어붙였다. 30분이 지나자, 심판은 동전 던지기로 승부를 결정지었다.

동전 던지기로 누가 먼저 서브를 넣느냐를 넘어 심지어 승부까지 결정할 수 있을까?

비록 동전 던지기의 앞뒷면이 나오는 것은 우연이지만 여기에는 규칙이 있다.

과학에 문외한인 사람들이 일찍이 대량의 동전 던지기 실험을 한 적이 있다. 18세기 뷔퐁은 동전을 4,040번 던져 2,048번 앞면이 나오는 것을 확인하였다. 전체 던진 횟수의 50.69%를 차지한 수치이다. 이후 칼 피어슨이 1만 2000번 동전을 던져 앞면이 6,019번, 또다시 2만 4,000번을 던져 앞면이 1만 2,012번이 나와 각각 총 50.16%, 50.05%를 기록함을 확인하였다.

미국인 위니도 10세트씩 동전을 던졌는데 1세트당 2000번씩 던져 모두 20000번을 던졌다. 얻은 데이터는 [표 2-1]과 같다.

이 표는 동전을 여러 번 던져 앞면이 나온 횟수가 전체 던진 횟수의 약 50%를 차지한다는 것을 보여준다. 여러분도 인내심이 있다면 한번 시도해 보는 것도 좋다. 동전을 던진 횟수에서 앞면이 나오는 횟수가 얼마나 되는지 살펴보자.

동전을 던진 결과가 어떻게 나올지 예측하기는 힘들지만 만약 당신이 동전 하나를 10,000번 던진다면 앞면이 약 5,000번 나올 거라고 예상할 수도 있다.

	앞면이 나오는 횟수	전체 던진 횟수에 대한 비율(%)
제1세트	1,010	50.50
제2세트	1,012	50.60
제3세트	990	49.50
제4세트	986	49.30
제5세트	991	49.55
제6세트	988	49.40
제7세트	1,004	50.20
제8세트	1,002	50.10
제9세트	976	48.80
제10세트	1,018	50.90
총계	9,977	49.89

[표 2-1]

동전 하나를 던져 앞면이 나올 가능성이 약 50%라는 우연한 사건의 법칙! 앞면 또는 뒷면이 나오는 사건은 우연에 의한 결과이다. 우연한 사건이 일어날 경우는 대체로 균등하기 때문에 동전을 던져 누구에게 서브권을 줄 것인지 정하거나, 혹은 우열을 가리기 힘든 두 라이벌의 승패를 결정지을 수 있는 것이다.

추첨이 일으킨 파문

　소명, 소광, 소영은 사촌 형제로 이들은 모두 축구광이다. 한 번은 할아버지가 축구 결승전 입장권을 한 장 구해 주었다. 누구에게 관람의 기회를 줘야 할까? 세 사람은 한바탕 다툼 끝에 추첨으로 한 명을 결정하기로 했다.

　먼저 세 장의 작은 종이를 오렸다. 종이 한 장에는 오각별을 그려 넣고, 다른 두 장은 백지로 세 장을 각각 접은 뒤 통에 넣었다. 별을 뽑은 친구가 입장권을 가질 수 있다. 소광이 먼저 하나를 뽑았다. 별이 그려진 종이를 보자 소광은 "난 운이 좋아!"라며 기뻐했다. 옆에 서 있던 소영이 물끄러미 쳐다보다가 갑자기 생각에 잠긴 듯 말했다.

　"이건 불공평해!"

　"왜 불공평하다는 거야?"

　"그냥 불공평해! 소광이가 다시 먼저 뽑아봐. 그럼 당연히 또 네가 당첨 종이를 뽑을 거 아냐!"

　소영은 소광이에게 다시 뽑도록 했다. 형제들은 소영이에게 재차 설명했지만 소영은 막무가내였다.

　여러분은 소영이에게 이해가 되도록 설명해 줄 수 있을까? 문제의 명확한 설명을 위해서 먼저 수형도를 살펴보려고 한다. 우선 간단한 예를 보자.

동전 하나를 던지면 두 가지 상황 즉, 앞면 또는 뒷면의 경우가 있다. 동전 2개를 던지면(또는 동전 1개를 두 번 던지면) 어떨까? 우선 총 몇 가지의 가능한 경우가 있는지부터 밝혀야 한다. 기본이 되는 3가지 경우는 '둘 다 앞면', '둘 다 뒷면', '하나는 앞면, 다른 하나는 뒷면'으로 대부분 3가지라고 자신있게 말한다. 하지만 이것은 틀렸다. 동전 두 개에 각각 다른 번호 즉, 1번, 2번으로 번호를 부여하면 다음과 같이 모두 4가지의 경우를 확인할 수 있다.

1번 앞면, 2번 앞면

1번 앞면, 2번 뒷면

1번 뒷면, 2번 앞면

1번 뒷면, 2번 뒷면

실수로 빠뜨리는 경우를 막기 위해 다음과 같이 나무에 가지를 치는 방법으로 [그림 2-1]처럼 그릴 수 있다. 이런 그림을 수형도라고 한다.

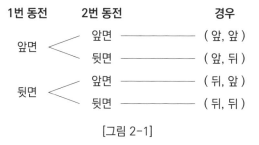

[그림 2-1]

동전 두 개를 던지는 것은 복잡한 실험이다. 왜냐하면 이것은 두 개의 작은 실험으로 이루어져 있기 때문이다. 하지만 우리는 수형도를 그려서 이런 복잡한 실험이 모두 몇 가지 경우가 가능한지 알아낸 후, 우리가 관심 있는 사건이 그 결과에서 차지하는 비율을 통해 확률을 계산해 낼 수 있다.

수형도는 복잡한 실험 문제를 해결하는 중요한 도구이다. 이제 수형도로 추첨문제를 연구해 보려고 한다. 우선 소광이가 먼저 추첨하였다고 가정한다. 그런 후에 소명이가, 제일 마지막에 소영이가 추첨할 것이다. 그러면 이 추첨은 복잡한 실험의 형태가 된다. 두 장은 백지이고, 한 장에는 별이 그려져 있다. 다음과 같은 수형도 [그림 2-2]를 그려서 가능한 경우를 확인해 보자.

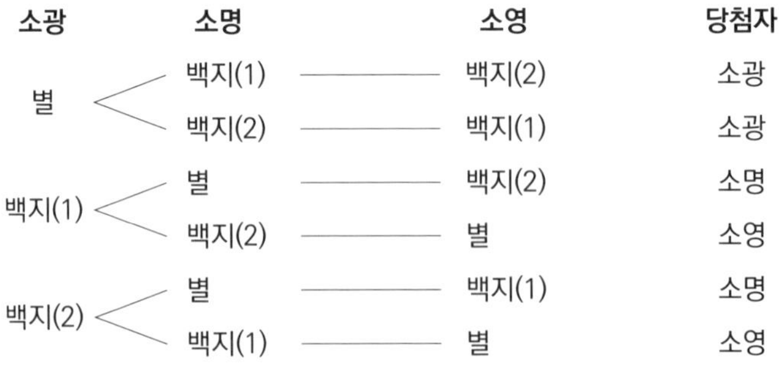

소광	소명	소영	당첨자
별	백지(1) ———	백지(2)	소광
	백지(2) ———	백지(1)	소광
백지(1)	별 ———	백지(2)	소명
	백지(2) ———	별	소영
백지(2)	별 ———	백지(1)	소명
	백지(1) ———	별	소영

[그림 2-2]

[그림 2-2]에서 볼 수 있는 것처럼 총 6가지의 경우 소광이 당첨되는 경우 2가지, 소명이 당첨되는 경우 2가지, 소영이는 마지막으로 추첨하여 종이 한 장만 남아 선택의 여지가 없지만 소영이도 2가지이기 때문에 확률은 모두 $\frac{1}{3}$이다. 따라서 마지막에 추첨한다고 해서 불리한 것은 아니다.

몇백 년 동안 잘못 알려진 게임 규칙

어떤 게임들은 우연성을 가지고 있다. 예를 들어 포커를 하거나 주사위를 던지는 이런 놀이를 '기회 게임'이라고 한다. 우연성이 없는 게임도 있다. 예를 들어 장기나 바둑을 두는 것과 같은 게임들은 기교의 수준에 의해 승부가 결정된다.

기회 게임에서는 항상 크기를 비교한다. 전통적인 '기회 게임'인 카드게임의 크기에 대한 규칙은 수백 년의 오류를 거쳐 정비되었다.

중국 민간에서 전해지는 '주사위 던지기'가 있는데 게임의 크기 규칙에 문제가 좀 있었다. 이 주사위 던지기는 상대방과 내가 한 번씩 번갈아가며 모두 6번 던진다. 두 사람이 던져 나온 숫자의 크기가 누가 더 크고 작은지 확인한다. 게임 규칙은 같은 숫자가 두 쌍(카드놀이에서 투페어two pairs) 나오는 것이 한 쌍(원페어one pair)보다 '크다'이다. 이 규칙에 대해서는 여러분도 아마 이의를 제기하지 않을 것이다.

하지만 미국 스탠퍼드대 교수 카이라이 충Kai lai Chung, 鍾開萊은 오류를 발견하였다. 그의 계산에 따르면 '두 쌍'이 나올 확률은 0.3472, '한 쌍'이 나올 확률은 0.2314에 불과하다. 두 쌍이 한 쌍

71

보다 더 쉽게 나타날 수 있으니 한 쌍이 두 쌍보다 '크다'고 주장
하였다. 그런데 수백 년 동안 두 쌍이 한 쌍보다 크다는 인식이
팽배했기 때문에 그 또한 자신의 계산이 믿기지 않을 정도로 놀
라웠다. 주사위 6개를 1,000번 던져 검증한 결과 계산이 맞음이
확인되었다. 그는 그제서야 자신의 발견을 저서에 담았다. 만약
믿기지 않는다면, 여러분도 한번 시도해 보길 바란다.

'가위, 바위, 보' 게임

전해 내려오는 오래된 게임 중 '가위, 바위, 보'는 아직도 많은 아이들이 즐긴다. 이 게임은 두세 사람이나 혹은 여러 명이 가위, 바위, 보의 3가지 손동작을 한다. 규칙은 '바위'가 '가위'를 이기고, '가위'가 '보'를 이기고, '보'가 '바위'를 이기는 것이다. 게임 중 참가자들은 동시에 손동작을 하며 규칙에 따라 승부가 결정된다.

예를 들면, 한 어린이를 '가위, 바위, 보' 게임을 통해 어떤 활동에 참가시키거나, 탈락시킬 수 있다. 이 게임은 한 라운드로 승부(혹은 부분적으로 승부)를 낼 수도 있고, 한 라운드로 승부를 결정하지 못할 때도 있다.

이제, 함께 생각해 보자. 만약 2명의 참가자가 있다면 가위, 바위, 보를 통해 승부가 가능한 경우는 모두 몇 가지이며 한 라운드로 승부를 결정하지 못할 확률은 얼마나 될까?

[그림 2-3]과 같이 수형도를 그려보자.

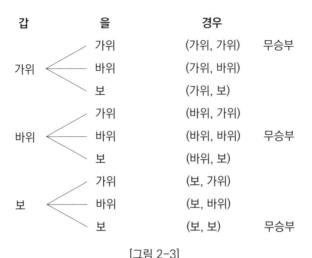

[그림 2-3]

위에서 알 수 있듯이 모두 9가지 가능한 경우가 있다. 그중 3 가지 즉, (가위, 가위), (바위, 바위), (보, 보)는 무승부이므로 승부가 나지 않을 확률은 $\frac{3}{9}$ 즉, $\frac{1}{3}$이다.

만약 3명의 참가자 갑, 을, 병이 있고 모든 참가자가 가위, 바위, 보의 세 가지 경우를 쓴다고 가정하면 한 라운드를 해서 승패를 결정하지 못할 확률은 얼마나 될까? 주의 깊게 보면 참가자가 3명일 경우 몇 가지 경우에 한해서 승부가 갈릴 수 있다. 예를 들면, (바위, 바위, 보)인 경우 병이 두 사람이 낸 바위를 이긴다. 그러나 나머지 두 사람의 순위는 정해지지 않는다. (바위, 바위, 가위)인 경우 병이 두 사람에게 패했지만 이 두 사람의 순위가 정해지지 않는다.

때로는 아예 승부가 나지 않는 경우도 있는데 (보, 보, 보)나 (가위, 바위, 보) 등이다.

아래의 수형도 [그림 2-4]를 보자.

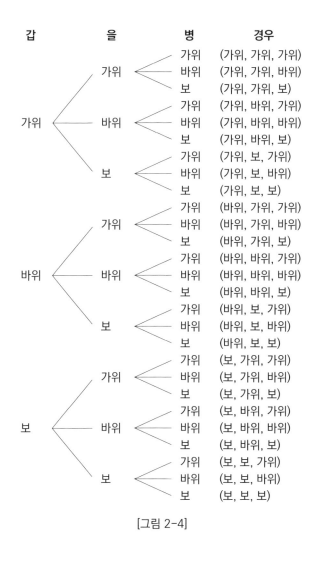

[그림 2-4]

모두 27가지 가능한 경우가 있다. 여기에서 세 명의 승부가 나지 않는 경우는 9가지이다. 따라서 승부가 나지 않을 확률은 여전히 $\frac{1}{3}$이다.

도박판의 다툼

300여 년 전, 유럽의 한 카지노에서 사람들이 웅성거렸다. 두 명의 도박꾼이 큰소리로 싸우고 있었는데 한 무리의 사람들이 그들을 겹겹이 에워쌌다.

두 사람의 사정은 이러했다. 두 사람은 중년 사내와 노인으로 각각 6프랑을 도박의 판돈으로 냈고, 쌍방은 도박을 하기로 약속했다. 5세트 중에서 누가 먼저 3세트를 이기냐는 것으로 승부가 나고 승자는 12프랑을 모두 가질 수 있다.

경기가 시작되자 노인이 먼저 한 판을 이겼지만 2, 3세트에서는 중년 사내가 이겼다. 세트의 점수는 2대1로 중년 사내가 앞서고 있었다. 그런데 여세를 몰아 승승장구하려던 중년 사내 앞에 한 여인이 나타나 "당신 아내가 곧 애를 낳을 판인데 도박할 마음이 들어요?"라며 끌어내었다. 중년 사내는 어쩔 수 없이 도박을 중단하고 집으로 돌아갈 수밖에 없었다. 노인도 이 상황을 이해하고 그를 집으로 돌아가도록 허락했다. 그래서 두 사람은 각자의 점수를 의논하기 시작하였다. 노인은 경기가 제대로 치러지지 않았으니 각자가 판돈으로 낸 6프랑을 그대로 돌려받아야 한다고 생각했다. 그런데 중년 사내는 자신이 2세트를 이기고 노인이 1세트를 이겼으니 똑같이 돌려받는 것은 불공평하다고 반문했다.

쌍방이 다투기 시작하자, 도박판이 야단법석이 났다. 중년 사내는 눈을 부릅뜨고, 노인은 수염을 높이 치켜올렸다. 구경꾼은 갈수록 늘어만 갔고 설왕설래가 끊이지 않았다. 어떤 이는 영감의 말이 일리가 있다고 하고, 어떤 이는 중년 사내가 두 세트를 이긴 반면, 노인이 한 세트만 이겼으니 중년 사내가 돈을 좀 더 받는 것은 당연하다고 여겼다. 싸움을 빨리 잠재우기 위해 중년 여인이 한 가지 방안을 제안하였다.

"총 3세트를 진행하였으니 판돈 12프랑 중에서 두 세트를 이긴 중년 사내가 8프랑을 가지고 노인은 한 세트만 이겼으니 4프랑을 가져야 해요."라고 말했다.

싸움을 지켜보던 사람들은 모두 이 여인의 논리가 일리 있다고 생각했다. 노인 역시 동의했지만 중년 사내는 여전히 승낙하지 않고 중얼거렸다.

"내가 한 판만 더 이기면 이 12프랑은 모두 내 것이야!"

구경꾼 중에 한 사람이 유일하게 여인의 방안이 불공평하다며 중년 사내를 지지했다. 그는 만약 그들이 두 세트만 겨루고 중년 사내가 두 세트 모두 이겼다면 여인의 뜻에 따라 두 세트에 대한 판돈을 모두 중년 사내의 것이라고 했다. 덧붙여 중년 여인의 배분 방법은 지난 몇 판의 결과만 고려했을 뿐 향후 몇 판의 승패 가능성은 고려하지 않은 것이라고 말했다. 모두들 그의 말에 고개를 끄덕거렸다. 하지만 중년 사내의 전반적 승리 가능성이 크고, 노인은 전반적 승리 가능성이 적지만 과연 그 가능성은 얼마나 차이가 날까? 그는 분명하게 말할 방법이 없었다.

이런 상황에 놓인다면 어떤 해법을 제시할 수 있을까? 일찍이 이런 문제를 고민한 수학자 파스칼이 있다. 파스칼의 방법으로 위의 문제 상황을 풀어보려고 한다.

현재까지 중년 사내가 2세트, 노인이 1세트를 이겼다. '5전 3승'의 규칙에 따라 두 세트를 더 치러야 한다. 마지막 두 세트의 시합은 몇 가지 가능한 결과가 있다. [그림 2-5]의 수형도를 보자.

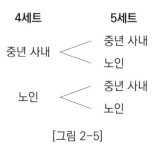

[그림 2-5]

위에서 알 수 있듯이 모두 4가지 경우가 있는데 앞의 3가지 결과는 중년 사내가 모두 승리하는 것이다. 네 번째 결과가 나와

야 노인이 이길 수 있다. 이 4가지 경우가 발생할 가능성이 같다고 가정할 때, 중년 사내가 도박에서 이길 확률은 $\frac{3}{4}$이지만, 노인이 승리할 확률은 $\frac{1}{4}$에 불과하다. 따라서 전체 판돈의 $\frac{3}{4}$인 $12 \times \frac{3}{4} = 9$프랑은 중년 사내가, 노인은 $12 \times \frac{1}{4} = 3$프랑만 가져야 한다.

파스칼은 프랑스 수학자로서 확률론의 기초를 세운 인물로 '도박판 판돈문제' 외에도 확률 문제를 많이 해결했다.

2002년, 베이징에서 국제수학자대회가 열렸다. 중국 내의 언론이 이 행사를 홍보했다. 당시 수리 경제학자 교수가 TV프로그램에 출현하여 도박장에서 판돈을 나누는 이야기를 현장에 있던 시청자들에게 들려주며 어떻게 배분하는 것이 합리적인지 물었다.

결과는 모든 응답자가 이야기 속의 중년 여인처럼 나눠야 한다고 생각하였다. 이처럼 일반인에게 확률 지식은 아직도 먼 길이다.

딜러는 왜 늘 이길까?

　도박이라고 하면 크게 '기능형'과 '기회형', 두 가지로 생각할 수 있다. 기능형은 각자의 기량으로 이기는 것이고 다른 하나 기회형은 승패를 운에 맡기는 것이다. 물론 운에 맡기고 수완으로 승부하는 두 가지 유형이 혼합되어 있다.

　청소년은 기회형 도박에 가장 쉽게 넘어간다. 겉으로 보기에 모두가 이길 수 있는 기회가 균등하고 때로는 참가자에게 유리한 형세도 있기 때문이다. 하지만 몇 번 도박을 해보면 딜러는 많이 이기고 자신은 적게 이긴다는 것을 알게 된다. 실제로 대부분의 기회형 도박은 사실 기회가 균등하지 않고 항상 딜러를 이롭게 하지만 불균등성은 은밀하고 눈에 잘 띄지 않는다.

　예를 하나 들어 보자. 해외에서 성행하는 도박으로 운에 맡기는 게임이다. 이 게임의 규칙은 참가자당 1회 1원을 선불로 지불하게 한 후 주사위 3개를 한꺼번에 던지는 것이다. 한 사람이 1에 자신의 돈을 걸고 주사위 3개 중 1개가 1이 나오면 딜러는 판돈 1원을 돌려주는 것 외에 1원을 더 준다. 주사위 3개 중 2개가 1이 나오면 딜러는 판돈 1원을 돌려주는 것 외에 2원을, 주사위 3개가 모두 1이면 딜러는 판돈 1원을 돌려주는 것 외에 3원을 더 준다.

도박을 하는 사람들은 만약 주사위가 1개라면 1이 나올 확률은 $\frac{1}{6}$, 주사위가 2개라면 1이 나올 확률이 $\frac{1}{3}$, 주사위 3개라면 1이 나올 확률이 $\frac{1}{2}$이니 이길 수 있지 않을까, 라는 착각을 한다. 설령 1원 대 1원의 상금이라도 기회도 균등한데 2배, 3배의 상금이 주어지는 것이 참가자들에게는 지극히 유리하지 않은가라고 말이다.

이런 생각은 틀렸다. 주사위 3개를 동시에 던지면 어떻게 되는지 생각해 보자.

주사위 3개가 모두 다르다고 하자. 예를 들면 빨간색, 노란색, 파란색 주사위라고 하면 빨간색 주사위가 6가지 경우를 가지고, 각각의 경우에 대해서 노란색 주사위는 6가지 경우가 있다. 또한 각각의 경우에 대해서 파란색 주사위는 6가지 경우가 있으니 총 경우의 수는 6×6×6=216(가지)로 나타난다.

이 216가지에서 주사위 3개의 숫자가 모두 다른 것은 6×5×4=120가지다. 왜냐하면 첫 번째 주사위는 6가지, 두 번째 주사위는 첫 번째와 다른 5가지, 세 번째 주사위는 같은 맥락으로 4가지가 있기 때문이다.

주사위 3개의 숫자가 모두 같은 경우는 모두 1 또는 모두 2 또는 … 모두 6인 경우로 총 6가지이다. 나머지 경우는 주사위 3개 중 2개의 숫자가 같은 것으로 216-120-6=90개가 가능하다.

이어서, 딜러가 이길지 아니면 질지를 생각해 보자. 우리는 6명이 도박에 참가한다고 상상하는데, 각 사람이 1, 2, …, 6을 건다. 그리고 이 게임을 216회 했다고 가정한다.

216회의 게임에서 주사위 3개의 숫자가 모두 다른 것은 120번이다. 그중 하나의 예로 1, 2, 3이 나왔다면 4, 5, 6을 건 사람은 패하고 1, 2, 3은 승자가 된다. 이때 딜러는 이긴 사람에게 2원(그중 1원은 딜러가 벌어들인 판돈)씩을 지불해야 한다. 모두 2원×3=6원이므로 120회에 걸쳐 6원×120=720원이다.

이 216번의 게임에서 주사위 2개의 숫자가 같은 경우는 90번이다. 예를 들어 이 중 어느 한 번이 1, 1, 2가 나왔다면 3, 4, 5, 6은 패배하고 2는 2원, 1은 3원(판돈 1원도 포함)을 벌게 되므로 딜러는 모두 5원을 지불해야 한다. 따라서 90회의 합계는 5원×90=450원이다.

216번의 게임에서 주사위 3개의 숫자가 모두 같은 경우는 6번이다. 예를 들어 주사위 3개가 모두 1점일 때 2, 3, 4, 5, 6을 건 사람은 패하고 1을 건 사람은 4원(판돈 1원 포함)을 받는다. 6회의 합계는 4원×6=24원이다.

위의 내용을 종합해 보면 딜러가 지불해야 할 총 금액은 모두
$$720+450+24=1194(원)$$
이다.

그는 매회 6원을 판돈으로 받는다. 216회에 걸쳐 모두

$$6 \times 216 = 1296(원)$$

을 받았다.

따라서 딜러는 102위안을 벌었다. 이는 전체 금액의 $102 \div 1296 = 7.9\%$를 차지한다.

이것은 딜러의 입장에서 본 것으로 충분이 승산이 있는 게임이다. 딜러가 번 돈은 어디에서 나오는 것일까? 당연히 도박꾼들의 주머니에서 나온 것이다. 하지만 여전히 승복하지 않은 사람도 있을 텐데, 직감적으로 보면 참가자들에게 유리하지 않냐고 생각할 수 있다.

다음은 도박꾼의 입장에서 분석한 것이다. 만일 어떤 도박꾼이 항상 1을 걸고 도박을 한다면 그는 216번 중 몇 번을 이겨야 상금을 받을 수 있을까? 다음 3가지 경우이다.

첫째, 주사위 3개 중 1개에 1점이 나타난다. 첫 번째 주사위에서 1이 나올 수도 있고, 두 번째 주사위에서 1이 나올 수도 있고, 세 번째 주사위에서 1이 나올 수도 있다. 세 개 중에 나머지 2개의 주사위에서 1이 나오지 않아야 하므로 $5 \times 5 = 25$개이고 총 $25 \times 3 = 75$가지가 가능하다. 이 75가지에 해당하는 경우 참가자들은 1회에 2원씩 모두 $2원 \times 75 = 150원$을 받는다.

둘째, 주사위 3개 중 2개에 1점이 나타난다. 첫 번째, 두 번째 주사위에서 1이 나올 수도 있고, 첫 번째, 세 번째 주사위에서 1이 나올 수도 있다. 두 번째, 세 번째 주사위에서 1이 나올 수도 있다. 이렇게 3가지 경우가 가능하고 나머지 하나의 주사위는 1이 나오지 않는다는 것을 감안하면 된다. 즉, 1이 아닌 경우 2, 3, 4, 5, 6으로 5가지가 가능하므로 총 15가지다. 이때 참가자들은 1회에 3원씩 총 3원×15=45원을 받는다.

셋째, 주사위 3개가 모두 1이 나오는 경우이다. 이때 참가자에게는 4원이 지급된다.

이로써 그는 총 150+45+4=199(원)을 받게 된다.

하지만 216회의 게임에서 그는 모두 216원을 지불하였기 때문에 결과적으로 그는 216-199=17을 잃었다.

이제 당신은 승복할 수 있는가? 공평해 보이는 게임 뒤에는 딜러의 속임수가 숨어있다. 도박은 돈을 잃을 뿐 아니라 심신건강까지 해친다. 도박은 모르는 게 현명하다.

생일 '우연의 일치'

미국의 대선 기간 중에 두 친구가 대화를 나누면서 생일 문제를 얘기했다. 이 중 수학을 좀 안다고 하는 한 친구가 과거 36대 대통령 중 생일이 같은 대통령이 있어야 한다고 말했다. 하지만 다른 한 친구는 이 말을 믿지 않았다. 그런데 이후 자료를 찾아보니 전임 대통령 중에 생일이 같은 사람이 있었을 뿐만 아니라 사망일이 같은 경우도 확인되었다.

제임스 K. 포크와 워런 하딩은 모두 생일이 11월 2일로 포크는 1795년생, 하딩은 1865년생이다. 밀러드 필모어와 윌리엄 하워드 태프트의 생일은 모두 3월 8일로 필모어는 1874년생, 태프트는 1930년생이다. 그 외에도, 사망일이 같은 경우도 있었다. 존 애덤스와 토머스 제퍼슨은 1826년 7월 4일, 제임스 먼로는 1831년 7월 4일에 생을 마감하였다.

생일 문제에 관해서는 몇 가지 재미있는 이야기가 더 있다.

어느 날, 미국 수학자 보그미니는 월드컵 축구 경기 관중 22명을 관중석에서 무작위로 골라 그들의 생일을 공개적으로 물었는데 그중 두 사람의 생일이 같아 현장에 있던 관중들을 매우 놀라게 했다.

웨이푸라는 수학자도 비슷한 예가 있다. 어느 날 그는 고위 장교들과 식사를 하는 자리에서 잡담을 나누다가 화제가 차츰 생일 이야기로 넘어갔다. 그는 '우리 사이에 적어도 두 사람은 생일이 같다'며 내기를 걸었다.

"도박에 지면 벌주 세 잔이요!"라며 장교들이 관심을 보였다.

"좋소!"

현장에 있던 장교들은 모두 생일을 알렸지만 생일이 같은 사람이 없었다.

사람들은 "어서 벌주를 하세요!"라며 성화를 부렸다. 웨이푸가 벌주를 마시려던 그때, 한 종업원이 갑자기 문 앞에서 "제 생일이 마침 장군님과 같습니다."라고 말했다.

그의 말에 모두가 놀라 눈이 휘둥그레졌다. 웨이푸는 벌주 세 잔을 장군에게 주었다.

일 년은 365일이다. 일반인이 볼 때, 두 사람의 생일이 365일 중 어느 날로 같다는 것은 묘한 일이다. 사실 교실에 50명의 학생이 있다면 그중 적어도 2명의 생일이 같을 확률이 97.04%에 이른다. 40명이 있다고 하더라도 최소 두 사람의 생일이 같을 확률은 89.12%이다. 그 이유를 이해하기 위해 문제를 좀 바꿔 생각해 보자.

365개의 칸을 만들어 그 위에 '1월 1일', '1월 2일' 등의 표시를 한다고 하자. 공 몇 개에 각 반 친구들의 이름을 적고, 각 공을 칸에 넣는다. 만약 A의 이름이 적힌 공이 '5월 2일'이라고 적힌 칸에 있다면 A의 생일이 5월 2일이라는 뜻이다. B와 C의 이름이 적힌 공이 '7월 18일' 칸에 있으면 B와 C의 생일이 같다는 의미다. 따라서 생일이 같을 확률을 따져보면 이 중 최소 두 개의 공이 같은 칸에 떨어질 확률을 논하면 된다.

'최소 두 개의 공은 같은 칸에 있다'는 의미는 여러 가지 경우를 포함한다. 즉, '정확히 2개가 같은 경우', '3개 심지어 더 많은 공이 같은 경우', '2개가 같은 칸에 있고 또 다른 2개가 다른 칸에 같이 있는 경우' 등과 같은 상황을 생각할 수 있다.

따라서 우리는 이를 모두 고려하기 위해 전체 가능한 경우에서 '모든 공이 다른 칸에 있는 경우'를 빼면 '최소 2개의 공이 같은 칸에 있다'. 즉, '모든 사람의 생일이 다른 경우'를 빼면 '최소 2명의 생일이 같다'로 해석된다. 어쨌든 '모든 공이 각각 다른 칸에 있는 경우'의 확률을 p라고 하면 '최소 2개의 공이 같은 칸에 있는 경우'의 확률은 $1-p$로 얻을 수 있다.

그런데 칸이 모두 365개이므로 이 문제의 계산량이 너무 많다. 이를 해결하기 위해 우리는 다시 문제를 간소화하자.

모두 4개의 칸이 있다고 가정하자. 칸에 각각 1, 2, 3, 4번이 쓰여 있고 공 3개에 각각 A, B, C로 표시한다. 이 조건에서 '모든 공이 각각 다른 칸에 떨어질 확률'을 먼저 구하고, 그런 다음 '최소 2개의 공이 같은 칸에 떨어질 확률'을 구한다.

수형도로 그린다면 먼저 공 A에 1번, 2번, 3번, 4번이 오는 경우로 4가지, 공 B에도 4가지, 공 C에도 4가지를 생각할 수 있으므로 수형도에서 모든 가능한 경우는 4×4×4개 즉, 64가지임을 알 수 있다. 하지만 우리는 이렇게 복잡한 수형도는 그리지 않을 것이다. 우리가 이미 살펴본 상황과 관련된 수형도 즉, '모든 공이 각각 다른 칸에 있는 경우'는 [그림 2-6]으로 위에서 언급한 수형도의 일부이기 때문이다.

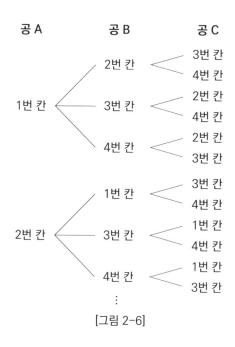

[그림 2-6]

공 A에 가능한 경우는 모두 4가지로 1번, 2번, 3번, 4번 칸에 넣을 수 있다. 공 A가 1번 칸에 있다면 공 B는 2번, 3번, 4번 칸에만 넣을 수 있고 이와 같이 공 C도 [그림 2-6]과 같이 생각할 수 있다.

위 그림에서 총 $4 \times 3 \times 2$ 즉, 24개의 경우를 알 수 있다. 따라서 총 64가지 경우에서 '모든 공이 각각 다른 칸에 있는 경우'에 해당하는 경우가 24가지임이 확인된다. 이에 모든 공이 각각 다른 칸에 있을 확률은 $P = \dfrac{4 \times 3 \times 2}{4 \times 4 \times 4} = \dfrac{3}{8}$ 이다.

나아가 최소 2개의 공이 같은 칸에 떨어질 확률은

$$1 - p = 1 - \frac{3}{8} = \frac{5}{8} \text{이다.}$$

365개의 복잡한 상황으로 돌아가보자. 공이 23개라고 가정하면 모든 경우의 수는 다음과 같다.

$$\underbrace{365 \times 365 \times \cdots \times 365}_{23\text{가지}}$$

이 경우에서

$$365 \times 364 \times 363 \times \cdots \times 343$$

은 23개의 공이 모두 다른 칸에 있는 경우의 수이다.

따라서 23개의 공이 각각 다른 칸에 떨어질 확률은

$$p = \frac{365 \times 364 \times 363 \times \cdots \times 343}{365 \times 365 \times \cdots \times 365} = 0.4927$$

이고 23개의 공에서 최소 2개의 공이 같은 칸에 떨어질 확률은 다음과 같다.

$$1-p=0.5073$$

이로써 '23명 중 적어도 2명은 생일이 같다'는 결론이 나올 확률은 50%가 넘는다. 숫자가 많을수록 적어도 두 사람의 생일이 같을 확률이 높다는 것은 위의 추측에서 어렵지 않게 알 수 있다. [표 2-2]는 20명, 21명…60명일 때 적어도 두 사람의 생일이 같을 확률을 나타낸 것이다.

n	p	n	p	n	p
20	0.4114	30	0.7063	40	0.8912
21	0.4437	31	0.7305	41	0.9032
22	0.4757	32	0.7533	42	0.9140
23	0.5073	33	0.7750	43	0.9239
24	0.5383	34	0.7953	44	0.9329
25	0.5687	35	0.8144	45	0.9410
26	0.5982	36	0.8322	46	0.9483
27	0.6269	37	0.8487	47	0.9548
28	0.6545	38	0.8641	48	0.9606
29	0.6810	39	0.8781	49	0.9658

n	p	n	p	n	p
50	0.9704	54	0.9839	58	0.9917
51	0.9744	55	0.9863	59	0.9930
52	0.9780	56	0.9883	60	0.9941
53	0.9811	57	0.9901		

[표 2-2]

그러므로 생일이 어쩌다 우연히 일치한 건 아니다.

암 진단 오류 가능성

만약 당신이 암 검사에서 양성 반응이 나온다면 어떤 생각이 들까? 대부분의 사람은 실제로 암에 걸렸다고 생각하며 공포에 떨 것이다. 사실 모든 검사에는 크고 작은 오차가 있다. 이 오차는 두 가지로 생각해 볼 수 있다. 병이 없는데도 검사결과가 '양성'이면 이는 '확대화'의 오차이고, 또 병이 있는데도 발견되지 않은 '음성'이면 '축소화'의 오차이다. 암 진단 검사 결과, 양성 판정이 나온 사람은 실제 암에 걸렸을 수도 있고, '확대화' 오차로 인해 실제 암에 걸리지 않았을 수도 있다. 반면 음성인 사람이 실제 암이 아니라고 할 수도 없고, 암 환자였는데 밝혀지지 않았을 수도 있다.

그렇다면 이 두 가지 오차가 발생할 수 있는 가능성은 어느 정도일까? 특히 확대화의 오차가 발생할 가능성은 어느 정도일까? 그럴 가능성이 크다면 양성 판정이 나온 사람은 실제 암에 걸릴 가능성이 적으므로 조금은 위로가 될 수 있겠다.

가능성이 크다는 것을 분명히 하기 위해 먼저 간단한 예를 하나 보려고 한다.

[그림 2-7]

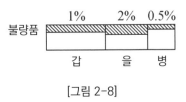

[그림 2-8]

갑, 을, 병 세 개의 공장에서 생산된 어떤 제품이 있다. 갑 공장에서 500개 생산품 중 불량률이 1%, 을 공장에서 300개 생산품 중 불량률이 2%, 병 공장에서 200개 생산품 중 불량률이 0.5%이다. 이때 다음을 구하여라.

(1) 이 제품들을 섞은 후의 불량률은 얼마일까?

(2) 이 제품들에서 불량품을 한 개 뽑았을 때, 이 불량품은 어느 공장에서 나왔을 가능성이 가장 클까?

총 제품에 대한 불량률을 구하려면 전체 불량품 수와 총생산량의 비율을 구하면 된다.

불량품 총수는 $500 \times 1\% + 300 \times 2\% + 200 \times 0.5\% = 12$(개)이므로 총 불량률은 $12 \div (500 + 300 + 200) = 1.2\%$이다.

만약 여기에서 임의로 하나를 뽑는다면 그 제품은 불량품일 것이다. 그렇다면 이 불량품은 어느 공장에서 생산될 가능성이 가장 클까? 어떤 사람들은 자세히 분석하지 않고 을 공장에서 나올 가능성이 가장 크다고 말하는데, 그 이유는 을 공장의 불량률이 2%에 달하기 때문이다. 하지만 이 불량품이 어느 공장에서 나왔느냐에 따라 그 불량률이 가장 높게 나오는 것이 아니라 어느 공장의 음영면적이 가장 크냐에 따라 판단의 근거가 달라진다. 우리는 이 제품들 중에는 모두 12개의 불량품이 있다는 것을 알고 있는데, 그중 갑, 을, 병 3개 공장은 각각

갑 : $500 \times 1\% = 5$(개),

을 : $300 \times 2\% = 6$(개),

병 : $2000 \times 0.5\% = 1$(개)이다.

따라서 을 공장에서 불량품이 나올 가능성이 50%로 가장 높고 갑 공장에서 나올 가능성도 $\frac{5}{12}$로 적지 않으며, 병 공장에서 나올 가능성은 $\frac{1}{12}$로 가장 낮다.

위의 분석 방법에 따라, 암 진단 검사 결과 양성 판정을 받은 사람이 실제로 병에 걸릴 가능성이 얼마나 되는지 다시 생각해 보자.

```
┌─────────────────┬──────┐
│                 │      │
│    9996 명       │ 4 명  │
│                 │      │
└─────────────────┴──────┘
     미간암환자        간암환자
```

[그림 2-9]

간암 진단 검사의 경우 간암 발병률은 0.04%로 추정된다. 만약 한 의료기관이 어떤 방법을 써서 간암 검사를 했다고 할 때, 검사의 신뢰도는 간암에 걸린 사람은 약 95%(미검출된 사람은 5%)이며, 원래 간암에 걸리지 않은 사람은 약 90%(간암에 걸리지 않은 사람이 걸린 것으로 결과 나올 가능성이 10%)라고 하자. 결과적으로 말하면 이런 검사의 신뢰도는 높은 편이다.

현재 어떤 사람의 검사 결과가 양성이라면 그가 간암에 걸릴 가능성은 어느 정도일까? 예를 들면 위의 예와 같이 직사각형을 두 부분으로 나눠 한쪽은 간암에 걸리지 않은 사람, 한쪽은 간암에 걸린 사람을 의미한다고 하자. 총수가 10,000명이라고 가정하면 간암에 걸리지 않은 사람은 약 9,996명, 간암에 걸린 사람은 약 4명이다.

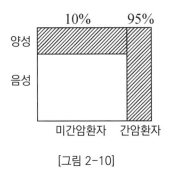

[그림 2-10]

이 두 부류의 사람은 다시 검사를 받은 후에 양성반응자는 음영부분으로 표시한다[그림 2-10]. 가령, 현재 양성반응인 사람은 어디에 속할까? 간암에 걸리지 않을 가능성이 클까, 아니면 간암에 걸릴 가능성이 클까? 앞의 예와 유사하게, 이것은 두 사람 중 양성 반응자의 비율에 달려 있지 않고, 전체 양성반응자 중 어느 쪽이 다수를 차지하느냐에 따라 전체 음영부분 면적 중 어느 한 쪽이 음영부분 면적이 더 커지게 된다.

1만 명의 검사자 중 양성 반응을 보인 사람은

$$9996 \times 10\% + 4 \times 95\%$$

$$= 999.6 + 3.8$$

$$= 1003.4(명)$$

이 중 간암환자가 아닌 사람이 양성인 수는 999.6(명), 실제 간암환자이면서 결과도 양성인 수는 3.8(명)이다.

즉, 양성반응자 중 실제 간암환자가 양성으로 나올 가능성은

$$3.8 \div 1003.4 \fallingdotseq 0.38\%$$

에 불과하다. 반면 간암에 걸리지 않았으나 검사 결과 양성 반응
이 나올 가능성은

$$999.6 \div 1003.4 \fallingdotseq 99.62\%$$

에 달하므로 검사 결과 양성 판정을 받은 사람에게는 위로가 되
는 수치이다.

속아 넘어간 소비자

예전에 몇몇 제조업체가 상품판매를 촉진하기 위해 상품에 카드를 하나씩 넣어 판매했다. 예를 들어 빵이 담긴 포장을 벗기면 연예인이나 캐릭터가 그려진 카드를 하나 얻을 수 있었다. 아이들은 자신이 갖고 싶은 연예인을 얻기 위해 많은 빵을 사 먹어야 했고 어떤 이는 모든 종류의 캐릭터를 얻고 싶어 좋아하지도 않는 빵을 끝도 없이 사 먹어야 했다.

어떤 제조업자들은 한술 더 떠서 서로 다른 한 세트의 카드나 복권을 각 상품에 나눠 담아 전체 카드나 복권을 수집한 소비자는 지정 상점에서 상품을 받을 수 있도록 했다. 그러다 보니 소비 열기는 더욱 뜨거워졌다. 예를 들어 내가 어렸을 적에는 'RCA 목캔디'가 있었다. 이 목캔디에는 하나마다 복권을 끼워 넣었는데, 복권은 모두 8가지로 R, C, A, 윤(윤기), 후(목구멍), 지(멈춤), 기(기침), 탕(설탕)이 각각 8개의 다른 글자가 쓰여 있었다.

소비자가 복권을 수집하기 시작하면 앞 몇 가지는 모으기가 쉽지만 뒤로 갈수록 어려워진다. 하지만 사람들은 8가지 복권 중에 이미 7가지나 수집했고, 승리를 눈앞에 두고 있으니 당연히 계속 모아야 한다는 심리를 갖게 된다. 목캔디는 대다수 중간

수준의 소비자 입장에서는 한 봉지를 더 먹고 덜 먹는 것은 결코 큰 문제가 되지 않는다. 하지만 8가지 복권을 모으기 위해 몇 봉지씩 더 먹으려면 죽을 맛이었다. 더구나 한두 가지 복권을 의도적으로 조절해 다 채우기란 매우 어려운 일이었다.

8가지 복권이 같은 수량으로 있다고 하자. 8가지 서로 다른 복권을 모으려면 목캔디를 몇 개나 사야 할까? 첫 번째 복권을 얻는 것이 가장 쉽다. 목캔디를 한 봉지만 사면 되기 때문이다.

두 번째 목캔디를 산다면 첫 번째 목캔디와 같은 복권을 얻을 수도 있고, 첫 번째와 다른 복권을 얻을 수도 있다. 총 8가지의 서로 다른 복권이 있기 때문에 두 번째 목캔디를 살 때 받는 복권은 공교롭게도 첫 번째 복권과 중복되지 않을 확률이 $\frac{7}{8}$이다. 8번 사면 7번은 두 번째 복권이 있다는 것으로 평균적으로 목캔디 $\frac{8}{7}$개를 사야 두 번째 복권을 받을 수 있다는 얘기다.

이제 계산은 생략하고 같은 방법으로 세 번째 복권을 받기 위해서는 평균 $\frac{8}{6}$개, 네 번째 복권을 위해서는 평균 $\frac{8}{5}$개의 목캔디를 구입해야 하는데 가장 수집하기 어려운 것은 여덟 번째 복권으로 이를 위해서는 평균 8개의 목캔디를 구입해야 한다.

그래서 8가지 복권을 모두 모으기 위해서는 일반적으로 평균

$$1 + \frac{8}{7} + \frac{8}{6} + \frac{8}{5} + \frac{8}{4} + \frac{8}{3} + \frac{8}{2} + \frac{8}{1} \fallingdotseq 22(\text{개})$$

를 사야 한다.

앞 4종류의 복권을 얻기 위해서는 $1 + \frac{8}{7} + \frac{8}{6} + \frac{8}{5} \fallingdotseq 5(\text{개})$만 사도 된다는 것에 주의하자. 그리고 뒤 4종류의 복권을 얻으려면 $\frac{8}{4} + \frac{8}{3} + \frac{8}{2} + \frac{8}{1} \fallingdotseq 17(\text{개})$를 사야 한다.

이것으로 알 수 있듯이 수집은 후반으로 갈수록 힘들어지고 예상을 뛰어넘을 정도로 어렵다.

그래도 종류가 8가지인 경우는 좀 낫다. 어떤 빵에는 캐릭터 인물이 12가지나 들어 있는데 이 캐릭터를 다 모으기 위해서는 보통 몇 봉지의 빵을 사야 할까?

답은 $1 + \frac{12}{11} + \frac{12}{10} + \cdots + \frac{12}{1} \fallingdotseq 37(\text{개})$이다.

만약 《수호전》의 백단팔장百單八將이었다면 108종의 그림을 모으기 위해 평균 $1 + \frac{108}{107} + \frac{108}{106} + \cdots + \frac{108}{1} \fallingdotseq 570(\text{개})$를 사야 한다.

손대성 출병

손오공은 관직을 버리고 천궁에서 화과산으로 돌아와 '제천대성'이라는 깃발을 세우고 매일 군사를 연마해 옥황상제가 보낸 병사들과의 결전을 준비했다.

"차렷!" 대성은 어린 원숭이 병사들에게 호령했다.

"히히, 무슨 차렷이야?"

작은 원숭이들은 여전히 재잘거리며 이리저리 뛰어다녔다. 원숭이 엉덩이는 가만히 있지를 못한다고 하는데 사실 원숭이들은 두 다리로 똑바로 서지도 못한다.

"다시 차렷! 번호!"

"히힛, 무슨 번호를 대요?"

……

대성은 이 어린 원숭이 병사들을 마주하고 있자니 마음이 좀 언짢았다. 며칠 동안 훈련했지만 차렷이나 번호 호령 등이 모두 이루어지지 않았다.

"원숭이 병사가 몇 명인지조차 알 수 없으니 어쩌란 말인가."
대성은 속수무책이었다.

"그건 참 쉽습니다." 대성의 참모장이 옆에서 말했다.

"무슨 좋은 생각이라도 있는 건가?"

"차렷과 번호 호령은 화과산에서는 통하지 않습니다. 대성님,
차라리 원숭이 병사를 놓아주십시오."

"모아 놓아도 이리저리 달아나는데 놓아주면 어떻게 숫자를
다 센다는 말인가?"

"사흘간 쉬면 다 셀 수 있습니다."

"그게 말이 되는 소린가." 대성은 불쾌한 듯이 말했다.

참모장이 대성에게 귓속말로 살짝 계책을 말하자, 대성은 손
뼉을 치며 "그것 참, 좋은 생각이오!"라고 소리쳤다.

참모장에게는 묘책이 있었다. 다음 날, 대성과 참모장은 원숭
이 병사 가운데 원숭이 100마리를 모두 모아 머리털을 한 부분
씩 깎은 뒤 귀대시켰다. 대성은 어린 원숭이 병사들에게 선포
했다.

"그동안의 연습이 매우 효과적이어서 3일 쉬기로 결정했다."
대성의 말이 채 끝나기도 전에 어린 원숭이 병사들은 벌써 달아
나기 시작했다.

사흘째가 되던 날 대성과 참모장은 경비원들을 앞산, 뒷산에 보내 원숭이 병사를 붙잡았고 잠시 후 경비원이 200마리를 붙잡아왔다. 대성이 검사하니 4마리가 머리털이 없었다.

200마리 중 4마리가 머리에 털이 없다는 것은 산속에서 원숭이 1마리를 마구잡이로 잡았을 때 머리에 털이 없을 확률이 $\frac{4}{200}$, 즉 $\frac{1}{50}$이라는 뜻이다. 그런데 100마리의 원숭이 병사가 머리에 털이 없을 테니 원숭이 병사는 모두 5,000마리 정도가 있다고 참모장이 말했다.

"참모장, 이 방법의 수 세기는 정말 묘하네!"

다만 머리털이 없는 원숭이가 다른 원숭이와 섞여 있기는 하지만 절대적으로 골고루 산속에 분포하는 것은 아니다. 그러니 200마리의 원숭이를 마구잡이로 잡아도 '머리에 털이 없는' 원숭이가 항상 4마리일 수는 없다. 머리에 털이 없는 원숭이가 5마리 또는 3마리일 경우에는 추정된 원숭이 병사의 숫자가 5,000마리가 아닐 것이다. 이 방법은 오직 예상일 뿐이다. 예상 결과는 사실과 다를 수도 있고, 때로는 크게 어긋날 수도 있다. 이는 국지적 조사를 통해 얻은 자료로 전체 상황을 가늠해 보면 잘못된 판단을 할 수도 있다는 것을 보여준다.

그러나 상당수의 데이터만 있으면 조사 방법이 틀린 것은 아니므로 '추정치와 사실이 크게 다를 가능성(확률)은 낮다.' 그래서 이런 추정은 꽤 가치가 있다.

카이사르의 암호

제2차 세계대전에서 일본은 미국의 진주만을 기습 공격해 미국에 막대한 피해를 입혔다. 실제로 미 정보기관은 일본군이 사용한 암호에서 일부 징후를 포착해 상급기관에 보고했다. 하지만 미국 지도자들은 일본 당국이 뿌린 평화의 연막에 눈이 멀어 정보당국의 분석을 믿지 않았고 일본군의 기습공격에 맥없이 당하고 말았다. 이에 미국 정보기관은 일본군의 암호 연구에 박차를 가하여, 그 비밀을 완전히 밝혀냈다. 이후 미국은 암호 해독으로 일본 연합함대 사령관이 순시 중이라는 사실을 알고 그의 전용기를 습격하였고 이 사건으로 사령관은 목숨을 잃었다.

암호는 통신용으로 전쟁기간에는 매우 중요한 수단으로 쓰였다. 또한 현대사회에서는 군사 분야뿐 아니라 과학기술, 상업 분야에서도 그 활용범위가 광범위해졌다.

카이사르 암호

지금부터는 치환 암호에 대한 이야기를 해 보려고 한다. 고대 로마의 카이사르는 이미 이런 암호화 방법을 사용하였다. 예를 들어, 영어알파벳 a를 b로, b를 c로, c를 d로…y를 z로, z를 a로 바꾸는 것이 치환 암호이다. 그러다 보니 'book'은 'cppl'로 바꿔

었다. 'cppl'을 보고 당황하는 것은 당연한 일이지만, 이 수수께끼를 안다면 굳이 힘을 들이지 않아도 읽을 수 있다.

그러면 어떻게 이런 암호를 해독할까? 어떻게 하면 암호 작성의 신비를 풀어내고 그 뜻을 읽을 수 있을까? 정보 전문가들은 확률이라는 도구를 사용한다.

이들은 우선 대량의 조사를 통해 각각의 자음과 모음이 구절에 나타나는 빈도를 계산해냈다. [표 2-3]은 각 알파벳이 영어 문장에서 출현하는 빈도율을 나타낸다.

자모	출현빈도율	자모	출현빈도율	자모	출현빈도율	자모	출현빈도율
a	8%	h	6%	o	8%	v	1%
b	1%	i	7%	p	2%	w	2%
c	3%	j	0.1%	q	0.1%	x	0.2%
d	4%	k	0.8%	r	6%	y	2%
e	13%	l	4%	s	6%	z	0.1%
f	2%	m	2%	t	9%		
g	2%	n	7%	u	3%		

[표 2-3]

이 표는 총 10,000개의 글자가 있는 영어 문장에서 알파벳 a가 800번, 알파벳 b가 100번 출현한다는 것을 보여준다. 치환 암호법으로 작성된 정보를 입수했을 때 정보의 각 알파벳에 나타나는 빈도를 계산해 볼 수 있다. 만약 z가 나오는 빈도율이

8%라면 이것은 매우 비정상적이다. z가 나타나는 빈도는 약 0.1%에 불과하기 때문이다. 이 z가 a나 o의 대역일 수도 있고, 물론 i나 t의 대역일 수도 있다. 이렇게 차근차근 분석하다 보면 해독이 가능해진다. 물론 이런 식으로 작성된 정보가 아니라면 이런 분석 방법은 무효하다.

참고로 통계적으로 각 알파벳이 나오는 빈도는 산업적으로도 가치가 있다. 예를 들어 컴퓨터 자판이 나오기 전에 사람들이 활자로 조판했다면, 인쇄소에는 과연 영문 알파벳의 활자를 얼마나 준비해야 할까? 물론 똑같이 준비할 필요는 없다. e, a, o, t, i 등과 같이 자주 사용하는 알파벳의 활자는 많이 준비해야 하고, z, x, j와 같이 자주 사용하지 않는 것은 적게 준비하면 된다. 즉, 출현 빈도에 비례해서 활자를 준비하면 되는 것이다.

또 영문 타자기 및 컴퓨터의 자판 위의 각 알파벳 키는 어떻게 배열된 것일까? e, a, i 등 자주 쓰는 알파벳 키는 검지, 중지가 닿기 쉬운 곳에 배치하고, z, x 등 자주 쓰지 않는 알파벳은 당연히 구석에 배치해 새끼손가락, 약지가 담당하도록 했다.

오늘날 컴퓨터와 인터넷의 급속한 발달로 암호는 국방 분야뿐만 아니라 금융 분야에서도 중요한 역할을 하고 있다. 이에 따라 인터넷 보안 문제나 비밀번호의 중요성이 부각되고 있다. 이에 암호 작성과 해독은 많은 수학자의 연구 방향이 되었다. 중국 암호학자들은 2004년과 2005년 컴퓨터 보안시스템에 널리 쓰이는 MD5와 SHA-1이라는 두 가지 암호 알고리즘을 잇달아 해독해 세계 암호계를 놀라게 했다.

π값은 실험 통계적 방법으로 구할 수 있는데 이는 아주 색다른 방법으로 통한다.

뷔퐁 실험

종이를 평평한 책상 위에 펼쳐 놓고, 종이 위에 간격이 2cm인 평행선을 긋는다. 그리고 1cm인 바늘을 준비한다. 바늘을 마음대로 종이 위에 놓으면 바늘과 직선이 만나거나 바늘과 직선이 만나지 않는 두 가지 결과가 나온다.

분명한 것은 이 두 가지 결과는 '같은 결과'가 아니다. 그래서 우리는 단지 실험적인 방법으로 '바늘과 어떤 직선이 만날 확률(빈도율)'을 구할 수 있다. 수학자 뷔퐁은 바늘을 5,000번 던졌고 1,582번 바늘이 직선과 만나는 경우를 확인하였다. 따라서 '바늘과 직선이 만나는 확률(빈도수)'은 대략 $p ≒ \dfrac{1582}{5000} = 0.3164$ 이다. 이 관계는 $p = \dfrac{1}{\pi}$과 같이 나타낼 수 있다.

어떤 독자는 이 실험에서 구한 확률과 원주율 π 사이에 무슨 상관이 있겠느냐며 반문할 수 있다. 재미있는 것은 원주율 π와 이 우연한 사건의 확률이 매우 밀접한 관계가 있다는 것이다.

즉, 원주율 π와 바늘 던지기 실험에서 '바늘과 직선이 만날 확률'은 서로 역수관계이다.

뷔퐁은 이 관계식으로 원주율의 근삿값을 계산하였다.

$$\pi = \frac{1}{p} \fallingdotseq \frac{5000}{1582} \fallingdotseq 3.1606$$

이후, 스위스 천문학자 울프는 이 관계식을 이용하여 바늘을 5,000번 던졌는데 π의 근삿값으로 3.1596을 얻었다. 그리고 1901년 라젤리니라는 사람도 이 실험을 하였다. 그는 3,408번의 바늘을 던져 파이 근삿값 3.1445929을 구했다.

이 값은 상당히 정확했다.

왜 $p = \frac{1}{\pi}$일까? 이 관계식의 엄밀한 증명을 위해서는 고등 수학 지식이 필요한데 우리는 일반적인 해석을 짚고 넘어가려고 한다.

우선 바늘의 길이가 길수록 바늘이 평행선과 만날 가능성은 커진다. 즉, 바늘과 평행선의 교점 수는 바늘 길이와 정비례한다. 바늘 2개가 있다고 생각하자. 바늘 한 개는 길이가 1cm이고, 다른 하나는 길이가 2cm이다. 각각의 바늘과 평행선이 만나는 수의 비율은 이들 길이의 비율과 같다.

$$\frac{\text{1cm 바늘과 평행선이 서로 만나는 개수}}{\text{2cm 바늘과 평행선이 서로 만나는 개수}} = \frac{1}{2\pi}$$

또한 바늘을 구부려도(길이는 그대로) 평행선과 만나는 바늘의 개수는 변하지 않는다는 것을 알 수 있다. 구부러진 바늘과 평행선이 만날 가능성은 좀 더 적어지는 반면, 구부러진 바늘과 평행선이 서로 만나지 않을 가능성은 좀 더 커진다. 그런데 어떤 경우는 구부러진 하나의 바늘과 평행선의 교점이 2개일 수 있고 특수한 경우 서너 개의 교점도 가능하다. 하지만 이는 하나의 바늘이 평행선과 만나는 개수에 영향을 끼치지 않는다.

2πcm 길이의 바늘이 원 모양으로 구부러졌다면 이 원의 둘레는 2πcm이기 때문에 지름은 필히 2㎝이다. 이 원과 평행선이 서로 만나 생기는 교점 수는 바늘이 구부러져도 줄어들지 않는다.

$$\frac{\text{1cm 바늘과 평행선이 만나는 교점의 수}}{\text{지름이 2cm인 원과 평행선이 만나는 교점의 수}} = \frac{1}{2\pi}$$

마지막으로 위 식의 좌변에서 분모, 분자를 바늘을 던진 횟수로 나누어도 그 값은 변하지 않는다.

$$\frac{\dfrac{\text{1cm 바늘과 평행선이 만나는 교점의 수}}{\text{바늘을 던진 횟수}}}{\dfrac{\text{지름이 2cm인 원과 평행선이 만나는 교점의 수}}{\text{바늘을 던진 횟수}}} = \frac{1}{2\pi}$$

지름이 2㎝인 원 모양의 바늘을 종이 위에 던지면, 어느 위치에 놓이든지 평행선과 항상 두 개의 점에서 만나기 때문에 위의 그 분수식에서 분모는 2이고, 분자는 우연한 사건에서 바늘과 평행선이 만날 확률은 p이므로

$$\frac{p}{2} = \frac{1}{2\pi}$$

즉, $p = \frac{1}{\pi}$이다.

바늘을 던지는 것과 π는 완전히 별개처럼 보이지만 이처럼 이 둘을 이토록 갈라놓기 어렵다. 세상일은 정말 기묘하다. 오늘날 과학자들은 바늘 던지기 실험과 유사한 방법을 자주 사용한다. 이처럼 통계실험을 통해 어떤 상수의 값을 구하는 것을 '몬테카를로법$^{Monte\ Carlo\ method}$'이라고 하는데 여기서 몬테카를로는 어느 과학자의 이름이 아니라 모나코의 유명한 카지노 이름이다.

구슬 던지기 실험

사실 바늘 대신 구슬을 던져도 원주율을 구할 수 있다.

한 변의 길이가 20인 정사각형 모양을 만들고 내접하는 원을 그린다. 원의 반지름은 당연히 10이다. 이제 정사각형 판에 구슬을 던지면 된다. 어떤 구슬은 원 안에 떨어지고, 일부는 원 밖에 떨어진다. 우리는 구슬이 원 안에 떨어질 확률을 원과 정사

각형의 면적과 관계가 있다고 볼 수 있다. 한 걸음 더 나아가 그것이 원의 면적과 정사각형의 면적의 비율과 같다고 생각할 수 있다.

만약 구슬 800개를 던져 그중에 620개의 구슬이 원 안에 떨어지고, 나머지 구슬이 원 밖에 떨어진다면, 이것은 다음과 같은 식으로 나타낼 수 있다.

$$\frac{620}{800} = \frac{S_{원}}{S_{정사각형}} = \frac{\pi \cdot 10^2}{20^2}$$
$$\pi = 3.10$$

이제 우리는 구슬을 던져 원주율 π의 값을 구체적으로 구해 보려고 한다. 우선 앞에서 말한 정사각형을 네 등분한다. 그중 한 부분은 [그림 2-11]과 같다. 우리는 원래의 큰 정사각형 위에 구슬을 던지는 것과 이 작은 정사각형 위에 구슬을 던져 얻는 확률이 같다고 여길 수 있다.

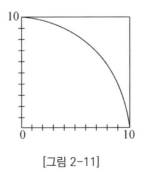

[그림 2-11]

이어서 다시 실험을 개선하자. 구슬 하나가 판 위에 무작위로 떨어지면 항상 한 쌍의 수(좌표)에 대응시킬 수 있다. 이것은 무작위 추출에 해당한다.

만약 첫 번째 임의의 수가 12라면 구슬의 위치는 (1, 2)이다.

$$1^2+2^2<10^2$$ 이므로

[그림 2-11]에서 직각 부채꼴 모양 안에 떨어진 경우이다.

만약, 두 번째 임의의 수가 67이라면 구슬의 위치는 (6, 7)로 여긴다.

$$6^2+7^2<10^2$$ 이므로

이것도 직각 부채꼴 모양 안에 떨어진 경우이다.

이런 식으로 하나하나 점검하여 계산해 구슬 던지기로 원주율 π를 계산할 수 있다.

일본에서는 어떤 사람이 이미 이와 같은 방법으로 구슬 400개를 던져 332개의 구슬이 직각 부채꼴 모양 안에 떨어진다는 것을 확인하였고 계산을 통해 $\pi=3.32$로 계산하였다.

확률적인 방법으로 π값을 계산하는 것에 관해서는 한 가지 방법을 더 언급해야 한다.

1904년, R. 채터는 임의의 두 수를 쓸 때 두 수가 서로소일 확률이 $\dfrac{6}{\pi^2}$임을 확인하였다. 나는 112쌍의 정수를 임의로 골라 확

인해 보았는데 서로소인 경우가 75쌍이 되어 약 66.96%가 해당
되었다. 따라서 실제로 채터의 공식에서

$$\pi^2 = 8.96$$

$$\pi \fallingdotseq 2.99$$

을 계산하였다. 내 경우에는 오차가 크지만 너무 적은 횟수로 계
산한 것이 아닌가 하는 후회가 든다.

기하학적 확률의 역설

앞에서 구슬 던지기로 원주율 π를 구할 때 기하학적 확률이 사용되었다. 기하학적 확률이란, 이용면적에 대한 확률을 의미하는데 만약 구슬을 도형 G에 던진다면 구슬이 G의 부분인 G_1에 떨어질 확률은

$$p = \frac{G_1 \text{의 면적}}{G \text{의 전체면적}}$$

이다. 이와 같이 확률을 구하는 방법은 직관적이고 이해가 쉽지만 때로는 시비를 가릴 수 없는 역설을 낳기도 한다. 다음의 유명한 예를 보자.

원에 내접하는 한 변의 길이가 $\sqrt{3}R$인 정삼각형이 하나 있다고 하자. 이제 원에 임의의 현을 하나 그린다. 그 길이는 $\sqrt{3}R$ 보다 클 수도, 같은 수도, 작을 수도 있다. 그렇다면 그 길이가 $\sqrt{3}R$보다 클 확률은 얼마일까?

첫 번째 방법 : 원에 내접하는 정삼각형 XYZ의 임의의 한 변

(XY)에서 원의 중심에 이르는 거리는 $\frac{1}{2}R$이다. 그러면 만약 그 길이가 $\frac{1}{2}R$보다 작다면 그 현의 길이는 현 XY보다 크다. 예를 들어, [그림 2-12]의 현 MN을 보자. 이 현은 중심에서 거리가 $OK<OC$이므로 $MN>XY$

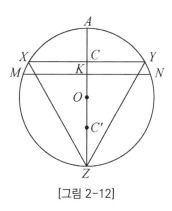

[그림 2-12]

이다. 분명히, K는 CC' 위(C'는 OZ의 중점)에 있고 상응하는 현 MN은 XY보다 크다.

$CC'=\frac{1}{2}AZ$이므로 임의의 현의 길이가 원에 내접하는 삼각형의 한 변의 길이보다 클 확률은 $\frac{1}{2}$이다.

두 번째 방법 : [그림 2-13]과 같이 삼각형 XYZ에 내접원을 그리면 이 작은 원의 넓이가 큰 원 넓이의 $\frac{1}{4}$임을 알 수 있다. 임의의 현 MN의 중점 K가 작은 원 안에 있다면 $MN>XY$, 만약 K가 작은 원 밖에 있다면 MN

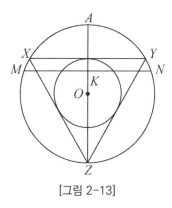

[그림 2-13]

$<XY$이다. 그러므로 임의의 현의 길이가 원에 내접하는 삼각형

의 길이보다 클 확률은 중점 K가 작은 원 안에 있을 확률로 $\frac{1}{4}$
이다.

세 번째 방법 : [그림 2-14]와 같이 삼각형 XYZ의 꼭짓점 Z
를 지나는 현을 표시한다. 분명히 현 ZA는 삼각형 XYZ를 통과
하므로 $ZA>XY$이다. 현 ZA'가 삼각형 XYZ를 통과하지 않으
면 $ZA'<XY$이다.

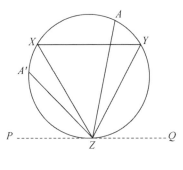

[그림 2-14]

PQ를 Z를 지나는 접선이라고 하자. 만약 Z에서 임의의 현을
그었을 때 $\angle XZY$의 안쪽 범위에 있다면 그 현의 길이는 XY보
다 크다. 만약 $\angle PZX$ 또는 $\angle QZY$의 안쪽 범위에 있다면 그 현
의 길이는 XY보다 작다. 그러므로 $\angle XZY$는 $\angle PZQ$의 $\frac{1}{3}$을 차
지하기 때문에 구하려는 확률은 $\frac{1}{3}$이다.

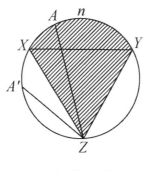

[그림 2-15]

네 번째 방법 : [그림 2-15]와 같이, Z에서 그은 현 ZA가 음영 부분에 있을 때 ZA>XY이다. Z에서 그은 현 ZA'이 음영 바깥 부분에 있으면 $ZA' < XY$이다. 따라서 음영 부분의 넓이는 삼각형 XYZ의 넓이와 현 XY와 호로 둘러싸인 활꼴의 넓이를 더한 것임을 알 수 있다. 즉, 음영 부분 면적을 계산하면 대략 원 면적의 $\frac{14}{23}$이다. 그래서 현이 원에 내접하는 정삼각형의 한 변의 길이보다 클 확률은 $\frac{14}{23}$이다.

네 가지 방법으로 네 가지 결과 $\frac{1}{2}$, $\frac{1}{4}$, $\frac{1}{3}$, $\frac{14}{23}$를 얻었다. 네 가지 방법이 모두 일리가 있어 보이니 무엇이 우리가 찾는 답일까? 이것이 바로 시작할 때 언급한 역설이다.

스마트 돼지 게임

돼지우리 안에 큰 돼지와 작은 돼지가 한 마리씩 있다. 특수 설계된 이 돼지우리는 매우 긴데, 동쪽에는 페달이 하나 있고 서쪽에는 사료 창구와 먹이통이 있다.

돼지 한 마리가 동쪽에서 페달을 밟으면 서쪽 사료 창구에서 사료가 떨어진다. 그래서 돼지 한 마리가 동쪽에서 페달을 밟으면 다른 돼지는 먼저 서쪽에서 떨어진 사료를 먹을 수 있다.

그런데 두 마리 돼지의 몸집이 서로 차이가 나므로 상황은 미묘하다. 만일 작은 돼지가 동쪽에서 페달을 밟고 나서 재빨리 몸을 돌려 서쪽으로 달려가지만 큰 돼지(큰 돼지는 당연히 강자)가 작은 돼지보다 먼저 서쪽의 먹이로 달려가 먹이를 다 먹어치우게 된다.

그러면 만일 큰 돼지가 동쪽에서 페달을 밟을 때 작은 돼지가 서쪽에서 자신의 몫을 먹으면 될 것 같지만 작은 돼지는 결국 많이 먹지도 빨리 먹지도 못한다. 이때 큰 돼지는 작은 돼지가 사료를 다 먹기 전에 서쪽에 있는 먹이통으로 달려가 남은 사료를 다 먹을 수도 있다.

여러분이 둘 중 하나라면, 어떤 전략을 쓸 수 있을까?

의아하게도, 두 마리 돼지가 모두 지능이 높다면 정답은 작은 돼지는 기다리고 있고 큰 돼지가 페달을 밟는 것이다. 만약 지능이 꽤 높은 돼지라면 조금 적게 먹지만, 힘은 많이 쓰지 않는 '편승 전략'을 택해야 한다. 두 마리 모두 히치하이킹만 하려고 하면 탈 수 있는 차가 없다. 그래서 큰 돼지는 동쪽 페달을 밟고 서쪽으로 달려가 음식을 뺏어야 한다. 이렇게 하여, 게임은 일정한 수준의 '균형'에 이른다.

이 이야기는 '스마트 돼지 게임'이라고도 하는데, '내시 균형이론'의 한 예이다. 이 이론은 1950년 게임이론 전문가 존 내시가 제안했다. 특히 스마트 돼지 게임은 중소기업 경영전략에 시사하는 바가 크다. 어떤 중소기업은 걸음마 단계에서는 대기업 흉내만 낸다. 중소기업은 업종의 경영모델과 제품 특성상 대기업의 덕을 보고 있지만 중소기업이 분발하지 않고 장기간 남에게 의존하거나 베끼기만 하면 발전하기 어렵다.

존 내시는 1958년 MIT의 종신교수가 되자마자 정신분열증 진단을 받았다. 그의 아내가 극진히 돌봐준 덕분에 내시는 서서히 회복됐고 그들의 이야기는 훗날 영화 '뷰티풀 마인드'로 제작되었다.

문어 파울과 소확률 사건

2010년 남아프리카 공화국에서 월드컵이 개최되었다. 당시 한 번도 우승하지 못했던 스페인 팀이 우승을 하는 이변이 벌어져 화제가 되었고 스페인의 첫 우승만큼이나 큰 이슈가 된 것은 문어 파울이었다.

이 문어는 독일의 어느 수족관에서 살고 있었는데 대회 기간 동안 수족관 직원들은 파울이 좋아하는 음식을 두 팀의 국기가 그려진 유리 항아리에 각각 넣고 어떤 항아리의 음식을 먹는지에 따라 어느 팀이 승리할지를 예측하였다. 문어가 예측한 승부는 8발 8중, 조금의 실수도 없었다는 것으로 당시 문어 파울은 '점쟁이 문어'라고 불릴 정도였다.

파울이 예측한 구체적인 상황은 다음과 같다.

- 조별리그 1차전 : 독일이 호주 상대로 승리 예상, 결과는 독일이 4대 0으로 승리.
- 조별리그 2차전 : 독일이 세르비아 상대로 패배 예상, 결과는 독일이 패배.
- 조별리그 마지막전 : 독일이 가나 상대로 승리 예상, 결과는 독일이 1대 0으로 승리.

- 8강전 : 독일이 잉글랜드 상대로 승리 예상, 독일이 승리.

- 4강전 : 독일이 아르헨티나 상대로 승리 예상, 독일이 승리.

- 준결승전 : 독일이 스페인 상대로 패배 예상, 결과는 독일이 패배.

- 3, 4위 결승전 : 독일이 우루과이 상대로 승리 예상, 결과는 독일이 3대 2로 승리하여 3위.

- 결승전 예상 : 스페인이 네덜란드 상대로 승리 예상(문어 파울이 독일이 불참한 경기를 예상한 첫 번째 경기였음), 결과는 스페인이 네덜란드를 0대 0으로 꺾고 월드컵 우승.

문어의 두뇌는 확실히 발달되었다고 한다. 문어는 거울 속 자신을 가려내고 미로에서 벗어날 수 있다. 문어의 뇌에는 5억 개의 뉴런이 있다니 놀라울 정도다. 그런데 과연 영리한 문어 파울이 빅데이터를 활용해 과학적으로 결과를 예측했을까?

사실 어느 누구도 문어 파울에게 축구의 규칙을 알려준 적이 없다. 문어가 승부를 예측하고, 맞거나 틀릴 가능성은 각각 $\frac{1}{2}$이다 (주의: 전문가가 예측할 때, 반드시 맞히거나 틀릴 가능성은 $\frac{1}{2}$이라고 단언하기 어렵다). 우리가 균일한 동전을 던질 때, 동전 앞면이 위를 향하고, 동전 뒷면이 아래를 향할 가능성도 각각 $\frac{1}{2}$(주의: 고르지 않은 동전이라면 동전 앞면이 위로, 또는 아래를 향할 가능성은 $\frac{1}{2}$이 아니다)이다.

첫 번째 맞힐 가능성은 $\frac{1}{2}$이다. 2회 연속 맞힐 가능성은 $\frac{1}{4}$이므로 같은 맥락에서 문어 파울이 8회 연속 맞힐 가능성은 약 $\frac{1}{256}$ 즉, 0.004으로 1000분의 4 정도이다. 문어 파울의 8발 8중의 가능성은 존재한다. 단지 값이 조금 더 작을 뿐이다. 이것을 '소확률 사건'이라고 한다. 그러니 섣불리 파울에게 신적인 존재나 천재라는 말을 붙이지는 말자. 한 번 더 시도하면 틀릴지도 모른다. 이 문어의 사육사도 더 이상 예측하지 못하게 했다.

2010년 10월, 문어 파울은 2세 반을 일기로 세상을 떠났다.

소확률 사건은 발생 가능성이 적긴 해도 간혹 자연계에서도 일어나곤 한다. 일반적인 상황에서 인류는 한 명의 아이를 출산하지만 때로는 쌍둥이, 세 쌍둥이를 낳는 경우도 있다. 또한 시험관 아기 시술이 발전하면서 다둥이들이 늘고 있다. 다둥이의 세계 기록은 어떻게 될까? 1971년, 이탈리아에서 35세의 임산부가 열다섯 쌍둥이를 출산하였다. 임신부가 어떻게 이렇게 많은 아기를 뱃속에 뒀는지 상상도 안 된다. 이것이 다둥이 세계기록이다. 사람이 열다섯 쌍둥이를 낳을 확률은 0.00003 즉, 10만분의 3의 값으로 이 추정값도 꼭 맞다고 할 수 없다.

신기하지 않은가. 그리고 더 재미있는 것은 뒤러는 그림의 연도 '1514'를
이 마방진에 독특하게 박아 넣었는데, 이것은 마방진의 네 번째 줄 가운데
두 개 수만 보면 된다. 이렇게 많은 성질을 가진 데다가 '역사의 흔적'이라는 마방진이
880종의 4×4 마방진에서 튀어나와 전해질 수 있게 되었다.

3장

조합과 마방진

수학 이야기

죄수의 산책

영국의 퍼즐 전문가 헨리 어니스트 듀드니[Henry Ernest Dudeney]는 흥미로운 문제를 제기한 적이 있다.

흉악범죄를 저지른 9명의 죄수가 있다. 그들은 감옥에 수감되었고 매일 교도관에게 바람을 쐬게 해달라는 요구를 하였다. 그래서 교도관은 이들을 3개의 팀으로 나누고 각 팀에 각각 3명을 배치하였다. 그런 후에 3명을 줄지어 수갑을 채웠다. 그들이 음모를 꾸미는 것을 방지하기 위해 6일 중 임의의 2명이 앞뒤로 만나는 경우는 한 번이 되도록 하였다.

자, 여러분이라면 6일 동안 죄수들이 바람을 쐴 때, 서로 앞뒤로 만나는 경우를 한 번이 되도록 하기 위해 어떻게 팀을 구성할까? 보충을 좀 하자면, 3명 중에 첫 번째와 세 번째 사람은 중간에 있는 사람에 막혀서 서로 대화를 할 수 없다. 따라서 첫 번째와 세 번째 사람은 연결되어 있다고 할 수 없다.

이 문제가 제기된 이후, 듀드니는 답을 공개하였다. 오랜 시간 동안 그의 답에 어떤 규칙이 있는지 묻는 사람이 아무도 없었다. 이후 듀드니는 스스로 해법을 알렸다. 그가 제시한 방법은 다음과 같다.

첫째 날 : 1-2-3, 4-5-6, 7-8-9

둘째 날 : 6-1-7, 9-4-2, 8-3-5

셋째 날 : 1-4-8, 2-5-7, 6-9-3

넷째 날 : 4-3-1, 5-8-2, 9-7-6

다섯째 날 : 5-9-1, 2-6-8, 3-7-4

여섯째 날 : 8-1-5, 3-6-4, 7-2-9

후에 많은 사람이 이 문제를 연구하였고 문제 상황을 확대하여 토론을 이어갔다. 예를 들면 죄수의 수가 9명인 상황에 국한하지 않고 $n=21, 33, 45, 81, 105, 117, 189, \cdots$ 등의 상황에도 해를 구할 수 있다.

코크만 여고생 문제

○○여고에는 한 반에 15명의 학생이 있다. 모든 학생은 매일 해질녘 즈음에 교정 산책을 한다. 어떤 학생이 조건을 제시하였다.

첫째 날은 산책할 때 3명씩 5개의 팀으로 나뉘어 산책한다. 둘째 날은 3명씩 5개의 팀으로 나누지만 첫째 날 한 팀이었던 사람은 같은 팀이 될 수 없다. 셋째 날은 같은 방법으로 3명씩 5개의 팀으로 나누는데 마찬가지로 첫째 날, 둘째 날 한 팀이었던 사람은 같은 팀이 될 수 없다.

이런 식으로 연속 7일 동안 산책한다. 각 학생들이 한 번만 같은 팀이 되도록 팀을 구성하는 것이 가능할까?

이 문제는 좀 어렵게 느껴지지만 면밀히 들여다보면 다음과 같은 결과를 얻을 수 있다. 만약 15명의 학생들에게 1번~15번의 번호를 부여하면 [표 3-1]과 같이 7일 동안 산책하는 팀을 구성할 수 있다.

첫째 날	둘째 날	셋째 날	넷째 날
① 1, 2, 3	⑥ 1, 4, 5	⑪ 1, 6, 7	⑯ 1, 8, 9
② 4, 8, 12	⑦ 2, 8, 10	⑫ 2, 9, 11	⑰ 2, 12, 14
③ 5, 10, 15	⑧ 3, 13, 14	⑬ 3, 12, 15	⑱ 3, 5, 6
④ 6, 11, 13	⑨ 6, 9, 15	⑭ 4, 10, 14	⑲ 4, 11, 15
⑤ 7, 9, 14	⑩ 7, 11, 12	⑮ 5, 8, 13	⑳ 7, 10, 13
다섯째 날	여섯째 날	일곱째 날	
㉑ 1, 10, 11	㉖ 1, 12, 13	㉛ 1, 14, 15	
㉒ 2, 13, 15	㉗ 2, 4, 6	㉜ 2, 5, 7	
㉓ 3, 4, 7	㉘ 3, 9, 10	㉝ 3, 8, 11	
㉔ 5, 9, 12	㉙ 5, 11, 14	㉞ 4, 9, 13	
㉕ 6, 8, 14	㉚ 7, 8, 15	㉟ 6, 10, 12	

[표 3-1]

위 표와 같이 팀을 구성하면 임의의 두 명은 같은 팀으로 한 번 만난다. 예를 들어 10번은 첫째 날 5번, 15번과 같은 팀이고 둘째 날 2번, 8번과 같은 팀, 셋째 날 4번, 14번과 같은 팀 … 이 런 식으로 10번과 나머지 14명은 모두 한 번씩 같은 팀이다.

위와 같은 문제를 '코크만 여고생 문제'라고 한다. 당시 '코크 만 여고생 문제'는 수학게임에 불과했지만 근래 컴퓨터의 발달 과 더불어 새로운 수학 분야인 '조합론'을 발생시켰다. 조합론은 어떤 사건에 대한 경우의 수를 헤아리는 방법을 연구하는 분야로서 코크만 여고생 문제는 바로 15명의 학생을 어떻게 조건을 만족하도록 5개의 팀으로 구성할 수 있는지를 연구하는 조합론의 연구 범위에 포함되는 문제이다. 조합론이 흥미롭게 발전함에 따라 '코크만 여고생 문제'도 사람들에게 새롭게 관심을 받게 되었다.

일찍이 19세기 말, 어떤 사람이 코크만 여고생 문제를 확장하였다.

"만약 15명이 아니라 다른 수인 경우에도 같은 방법으로 팀을 구성할 수 있을까?"

사람들은 이 질문에 총인원 수가 $3n+3$일 때 가능하다는 답을 내놓았다. 그러나 임의의 n에 대해서도 이 결론이 성립할까? 이 문제는 100년이 넘도록 해결되지 못했다.

이 문제는 1961년에 중국의 육가희라는 물리교사가 해결하였다. 안타까운 것은 그가 논문을 학술지에 보냈지만 '가치없다'는 답변으로 돌아왔다는 것이다. 이후 1971년 두 명의 이탈리아인이 이 문제를 해결했다는 기사가 외국 학술지에 실렸다. 육가희 교사의 입장에서는 씁쓸한 일이었겠지만 어쨌든 '코크만 여고생 문제'는 스타이너 문제Steiner's problem에 접근하게 되었다. 스타이너 문제는 15명 중 3인을 한 팀으로 나누어 표로 나타내는데 15명 중 임의의 한 쌍의 학생은 표에 있는 하나의 팀이다.

실제로 '코크만 여고생 문제'의 답에서 매일 5팀이므로 7일에 모두 35팀이고 이 35팀이 하나의 표를 완성하였고 이는 곧 위 문제에서 요구하는 분할 방식이다. 예를 들어 7번과 10번 학생이 같은 팀 20에 있다면 다른 팀은 그 두 명을 포함할 수 없다.

스타이너 문제의 총인원 수는 바뀌어도 된다. 만약 7명이면 다음과 같이 3명이 한 팀인 경우를 구성할 수 있다.

(1, 2, 4), (2, 3, 5), (3, 4, 5), (4, 5, 7), (5, 6, 1), (6, 7, 2), (7, 1, 3)

이 문제의 답은 유일하지 않다. 다음과 같은 경우도 생각할 수 있다.

(2, 1, 4), (2, 7, 4), (1, 3, 5), (2, 5, 6), (1, 7, 6), (3, 4, 6), (4, 5, 7)

이 해는 앞의 해와 같지 않지만 그중 2개의 팀 (3, 4, 6), (4, 5, 7)은 서로 같다. 첫 번째 해와 팀 구성이 완전히 다른 해도 존재할까? 가능하다. 다음과 같은 해도 있다.

(1, 5, 4), (1, 2, 3), (1, 6, 7), (5, 6, 3), (4, 6, 2), (4, 7, 3), (2, 5, 7)

다양한 스타이너 문제 중에서 위와 같이 모든 구성이 다른 경우의 해는 몇 개가 될까? 이는 아직 해결되지 않은 문제로 육가희는 계속해서 연구를 진행하였다.

1983년 3월, 육가희는 세 편의 논문을 국제적으로 명성 있는 〈조합론〉 학술기사에 보냈다. 같은 해 4월, 그의 논문이 학술기사에 실렸다. 이는 스타이너 문제가 육가희에 의해 완전히 해결되었음을 선포하는 것이나 다름없었다. 수십 년의 세월 동안, 육가희라는 수학계에 이름 없는 한 사람이 자신과의 고통스런 싸움에서 고군분투하며 그 성과를 인정받게 된 것이다.

그는 1983년 오랜 시간에 걸친 노력 탓인지 48세의 나이로 세상을 떠났다. 하지만 그의 불굴의 의지와 노력은 많은 사람에게 깊은 감동을 주었다. 1989년 3월, 그의 부인이 '중국국가자연과학상대회'에 대신 참석하여 최고 명예인 '국가자연과학상'을 수상하였다.

재미있는 결혼 문제

2차 세계대전 중에 한 연합군의 지휘관은 걱정거리가 하나 있었다. 병력이 부족한가, 이동수단이 부족한가, 아니라면 적을 대적하는 것이 힘든 상황인가? 아니다, 반대로 병력, 이동수단 등은 각국에서 지원된 연합군이라 충분한 상황이었다. 하지만 이에 따른 문제가 하나 있었으니 연합군의 언어와 국적이 달라서 생기는 문제로 장병들 사이에 협력이 쉽지 않았다. 5대양 6대주에서 모인 군사들을 어떻게 다뤄야 할지 막막했으니 지휘관이 어떻게 걱정이 없을 수 있겠는가?

자세히 살펴보자. 문제를 단순화하여 (정)운전병이 5명, (부)운전병이 6명이 있다고 하자.

그중 (정)운전병 A는 (부)운전병 a, c와 협력한다.

(정)운전병 B는 (부)운전병 a, f와 협력한다.

(정)운전병 C는 (부)운전병 b, d, e와 협력한다.

(정)운전병 D는 (부)운전병 b와 협력한다.

(정)운전병 E는 (부)운전병 e와 협력한다.

하지만 어떻게 (정)운전병과 (부)운전병을 일대일로 짝을 지울까? 2차 세계대전 기간은 복잡한 상황이 많았으므로 수학자가 전쟁터에 투입되었다. 지휘관의 복잡한 심경을 나타낸 이 문제는 이후 그래프 이론에서 '결혼문제'로 발전하였다.

어떻게 결혼문제가 되었을까? 우리는 이 문제를 조금 바꾸어 5명의 남자 A, B, C, D, E와 6명의 여자 a, b, c, d, e, f라고 생각하자. 그들 상호 간에 서로 아는 상황은 다음과 같다.

남자 A가 여자 a, c를 안다.

남자 B가 여자 a, f를 안다.

남자 C가 여자 b, d, e를 안다.

남자 D가 여자 b를 안다.

남자 E가 여자 e를 안다.

어떻게 맺어야 5명의 남자가 모두 결혼을 할 수 있을까?

[그림 3-1]과 같이 선으로 남녀 간의 관계를 표시하자. 그림에서 왼쪽은 A, B, C, D, E의 5명의 남자를, 오른쪽에는 a, b, c, d, e, f의 6명의 여자를 표시한 다음 서로 아는 관계는 선으로 나타낸다. 이후 일대일로 짝지어지는 경우를 뽑는다.

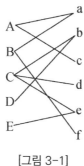

[그림 3-1]

[그림 3-1]에서 남자 E는 여자 e만 알기 때문에 서로 짝을 맺으면 된다. 그러면 여자 e는 한 사람과 맺어졌으므로 남자 C와 연결될 수 없다. 따라서 Ce선은 지운다. 남자 D의 상황도 E처럼 생각하면 Db가 맺어지고 Cb는 지운다. 남자 C는 원래 3명의 여자 b, d, e와 알았지만 b, e는 다른 사람과 맺어졌기 때문에 C는 d와 연결된다.

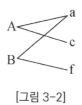

[그림 3-2]

남자 C, D, E는 모두 해결되었고 이제 A, B만 남았다. 여자 중에는 b, d, e는 해결되었고 a, c, f 세 사람이 남았다. [그림 3-2]를 보면 몇 가지 가능한 경우가 확인된다.

첫 번째 경우 : 만약 A가 a와 맺어지면 Ac, Ba는 지우고 B와 f가 맺어진다.

두 번째 경우 : 만약 A와 c가 맺어지면 Aa는 지우고 B는 a 또는 f 둘 중에 하나로 맺어진다.

위의 상황을 종합해 보면 이 문제의 해는 3가지로 다음과 같다.

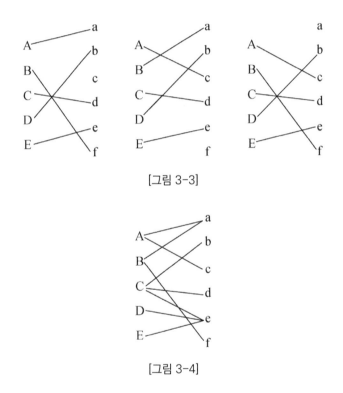

[그림 3-3]

[그림 3-4]

여자가 남자보다 많은 상황에서 각각의 여자가 남자와 짝이 될 수는 없다. 즉, 어떻게 조합되어도 5명의 남자 중에는 남는 사람이 없을 것으로 생각된다. 하지만 실제는 다르다. 만약 남자 C와 여자 e가 맺어지면 남자 E는 남게 된다.

위 문제에서 남자 A, B, C, D, E는 모두 결혼 상대를 찾았다. 하지만 모두 적합한 상대를 찾았다고 할 수 있을까? 꼭 그렇지는 않을 것이다. 예를 들어 [그림 3-3]과 [그림 3-4]를 보면 Db가 De로 바뀌었다.

남자 D와 E를 분석해 보면 두 명은 모두 여자 e를 안다. 만약 D와 e가 결혼한다면 E와 e가 결혼할 수 없다. 만약 E와 e가 결혼한다면 D와 e는 결혼할 수 없다. 따라서 C, E 중의 적어도 한 명은 남게 된다. 그러므로 이런 상황에서 완전한 배필을 찾는 방법은 존재하지 않는다.

수학자 홀은 결혼문제를 해결하였고 증명하였다. 이를 '결혼 정리'라고 한다.

결혼정리 : 만약 임의의 k명의 남자가 적어도 k명의 여자를 안다고 하자. 그러면 그들은 완전한 배우자를 찾을 수 있다. 반대로 말하면, 완전한 배우자를 찾으려면 임의의 k명의 남자는 반드시 적어도 k명의 여자를 알아야 한다.

위 문제를 바꾸면 남자 D와 E 두 사람(k=2)은 1명의 여자를 알기 때문에 결혼정리의 조건을 만족시키지 않으므로 완전한 배우자를 찾을 수 없다.

원래 문제에서 각 남자(k=1)는 최소 1명의 여자를 알았고, 두 명의 남자(k=2)는 적어도 2명의 여자를 알았다. 예를 들어 A, B는 a, c, f 이 세 사람을 알고 A, C는 a, b, c, d, e 이 다섯 명을 안다. 각 세 남자(k=3)는 적어도 3명의 여자를 안다. 예로 A, B, C는 a, b, c, d, e, f 이 여섯 명을 안다. 각 네 남자는 적어도 5명의 여자를 안다. 이로써 문제가 결혼정리의 조건을 모두 만족시키므로 완전한 배우자를 찾을 수 있다.

중국인의 나머지 정리의 속편

어떤 컴퓨터든지 용량 문제로 인해 컴퓨터 한 대는 일정 자릿수의 숫자만 처리할 수 있다. 이 자릿수를 컴퓨터가 처리할 수 있는 '글자 길이'라고 한다. 예를 들어 일반적으로 컴퓨터가 처리할 수 있는 글자 길이는 15자리이다. 그러므로 우리는 이 컴퓨터에서 85704, 198919891989와 같은 수를 직접 처리할 수 있다. 만약 어떤 수의 자릿수가 컴퓨터가 처리할 수 있는 글자 길이를 초과한다면, 컴퓨터에 입력될 수 없을까? 직접 입력은 불가능하다. 컴퓨터 전문가들은 모두 간접적인 방법으로 이 문제를 해결한다. 즉, 하나의 큰 수를 작은 수 두 개로 보고 각각 컴퓨터에 입력하는데, 가장 간단한 방법은 30자리의 큰 수를 두 부분으로 분할하여 15자리의 두 수로 보는 것이다. 하지만 이렇게 입력하더라도 연산을 하기에는 많은 번거로움이 생긴다. 그래서 사람들은 일반적으로 대수를 두 부분으로 분할하는 것이 아닌 다른 방법을 생각한다.

그 원리를 설명하기 위해서, 우리는 어떤 컴퓨터가 5 이내의 수만을 처리할 수 있다고 가정한다.

다음의 방법은 1~15의 수를 5 이내의 두 수로 보는 것이다.

[표 3-2]는 3행 5열의 표로 1~15까지의 수가 모두 표 안에 나열되어 있다. 9가 3번째 행과 4번째 열에 있으므로 9는 (3, 4)로 표시한다. 이 방법은 좌표법과 비슷하다. 이렇게 하면, 큰 수는 작은 수와 일대일대응이 된다.

행	열				
	1	2	3	4	5
1	1	7	13	4	10
2	11	2	8	14	5
3	6	12	3	9	15

[표 3-2]

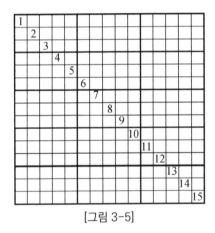

[그림 3-5]

이 표는 어떻게 설계되었을까? [그림 3-5]와 같이 1~15를 15×15 격자무늬 종이의 대각선에 쓴다. 그런 후에 검은 선을 따라 잘라내어 3×5의 작은 격자무늬 종이를 얻는다. 만약 이 격자종이가 투명하다면 종이를 겹쳐놓았을 때 1~15까지 숫자가 모두 규칙적으로 3×5의 격자 안에 겹치지 않고 빈칸도 없이 채워진다는 것을 발견할 수 있을 것이다. 왜 1~15까지 3×5 격자종이를 꽉 채울 수 있을까?

알고 보니 이것도 중국인의 나머지 정리 문제이다. 14를 예로 들면, 3개씩 세면 2개가 남고 5개씩 세면 4개가 남는다. 따라서 2행 4열에 채워진다. 그리고 손자 문제는 15 이내의 수중에서 이 한 개만이 이 칸에 채워진다. 즉, 15 이내의 15개의 수와 15개의 칸이 일대일 대응하는 관계가 있다. 이렇게 큰 수를 두 개의 비교적 작은 수로 바꾸면 연산이 편리해진다.

예를 들어, 7×2를 계산하려면 7은 컴퓨터에서 (1, 2)로 간주되고, 2는 컴퓨터에서 (2, 2)로 간주되므로 각각의 행의 수 1과 2를 곱하면 2이고, 열의 수 2와 2를 곱하면 4이므로 2행 4열의 수는 바로 14이다. 이는 7×2의 결과이다. 만약 행의 수나 열의 수의 곱이 3이나 5보다 크다면 각각의 수에서 3과 5의 배수를 빼기만 된다.

자, 어떤가! 이렇게 부호화하면 컴퓨터에서 계산이 편리하다. 컴퓨터는 당연히 이런 부호화법을 기꺼이 받아들인다.

서랍, 파이 π, 나눗셈

　헝가리의 유명한 수학자 폴 에어디쉬는 12살 소년이 현명하다는 말을 듣고 소년을 집으로 초대했다. 저녁 식사시간, 에어디쉬 교수는 소년을 시험할 문제를 냈다.

　1, 2, 3, 4, …, 99, 100이라는 100개 수에서 임의로 51개를 고르면 이 중 최소 2개는 서로소임을 증명하시오.

　소년은 잠시 생각하다가, "준비 됐습니다."라고 말했다. 에어디쉬가 그에게 어떻게 증명할 것인지를 물었을 때 그는 당황하지 않고 책상 위의 컵을 하나하나 자신의 옆에 놓으며 말했다.

　"여기 컵이 50개라고 합시다. 나는 첫 번째 컵에 1, 2 이 두 수를 넣고, 3, 4 두 수를 두 번째 컵, 5, 6을 세 번째 컵, …, 99, 100 두 수를 오십 번째 컵에 넣습니다. 51개의 수를 골라야 하므로 최소 하나의 컵에 있는 두 수는 무조건 선택되죠. 같은 컵 안의 두 수는 연속된 자연수이며, 그것들은 반드시 서로소입니다."

　소년의 설명을 들은 에어디쉬는 기쁨을 감출 수 없었다. 이 소

144

년은 후에 당대의 뛰어난 수학자가 되었다.

소년이 이 문제에 사용한 방법은 '서랍 원리^{Drawer principle}'라고
한다. 서랍 원리는 다음과 같다.

3개의 사과를 2개의 서랍 안에 넣어 두면 적어도 1개의 서랍
안에 2개 이상의 사과가 있다고 할 수 있다. 이것은 아주 쉽게
이해할 수 있는 것이다. 만약 모든 서랍에 사과가 1개 또는 하나
도 들어있지 않다면 2개의 서랍에 사과가 최대 2개 들어있을 것
이다. 하지만 현재 2개의 서랍에 3개의 사과가 들어있기 때문에
이런 가설은 불가능하다.

사과는 비둘기로 서랍은 비둘기집으로 바꾸어 서랍 원리를
'비둘기집 원리'라고도 한다. 이 원리를 대수롭지 않게 생각하고
넘어가면 안 된다. 쓰임새가 정말 많고 새로운 수학 분야, 조합
론에서 중요한 법칙이기 때문이다.

우리는 $[x]$로 x를 초과하지 않는 최대 정수를 표시한다.

$$[5.1] = 5$$

$$[5] = 5$$

$$[-2.3] = -3$$

기호 $[x]$를 이용하면, 우리는 서랍 원리를 다음과 같이 표시할
수 있다.

n개의 물건이 m개의 서랍 안에 있다고 하자($n>m$). 만약 n이 m의 배수라면, 적어도 한 서랍 안의 물건의 수는 $\dfrac{n}{m}$보다 적지 않다. 만약 n이 m의 배수가 아니라면, 적어도 한 서랍 안의 물건의 수는 $\left[\dfrac{n}{m}\right]+1$보다 적지 않다. 위의 예에서 사과는 $n=3$, 서랍은 $m=2$이다.

그러면 적어도 하나의 서랍 안에 있는 사과 수는

$\left[\dfrac{3}{2}\right]+1=1+1=2$(개)보다 적지 않다.

서랍 원리는 어디에 활용될까?

어느 초등학교 선생님이 수학시간에 파이 π값을 3.14159…라고 칠판에 썼다.

한 어린이가 손을 들어 선생님에게 "'…'은 어떻게 알 수 있어요?"라며 물었다. 이에 선생님은 "당연히 끊임없이 계산하면 나오겠죠."라며 간단하게 대답하였다. 사실 이 선생님의 대답은 틀렸다. 선생님이 말한 것은 두 정수를 서로 나눈 것이다. 두 정수를 나눌 때 끝이 없이 계속 나누어지면 무한소수를 얻을 수 있다. 그러나 이렇게 하면 무한 순환소수만 얻을 수 있고 순환하지 않는 무한소수는 얻을 수 없다. 그렇다면 왜 두 정수의 나눗셈에서 끝이 나지 않으면 반드시 무한 순환소수가 되는 걸까?

구체적인 예로, $1 \div 7$을 살펴보자.

$$
\begin{array}{r}
0.142857 \\
7\,\overline{)\,10} \\
7 \\
\hline
30 \\
28 \\
\hline
20 \\
14 \\
\hline
60 \\
56 \\
\hline
40 \\
35 \\
\hline
50 \\
49 \\
\hline
1 \quad \ddots
\end{array}
$$

나머지의 값이 반복하여 나타나면 순환소수가 된다. 여섯 번째 나머지에서 1이 나타났으므로 맨 위로 거슬러 올라가 다시 나누기 과정이 반복된다. 그렇다면 이런 차이는 반복되지 않을까? 반복될 수 있다.

이 차이는 모두 7보다 작기 때문에 0, 1, 2, 3, 4, 5, 6의 7가지만 나올 수 있다. 그러나 일단 0이 나타나면 나누어떨어지는 결과가 되므로 우리가 생각해야 할 값은 6가지이다. 몫의 소수점 아랫부분은 무한 번 반복되므로 최대 7번까지 나누면 순환하는 값을 반드시 알 수 있다. 그러므로 두 정수를 나누어 끝이 없을 때, 몫은 반드시 순환한다.

여기에 서랍 원리가 숨어있다.

'7번 나누어보면 나머지가 6가지 가능하다'는 '사과 7개를 6개 서랍에 넣는다'와 같은 결론이다.

우왕 때 낙수라는 강에서 거북이 한 마리가 기어나왔는데, 거북이 등에 그림이 하나 있었다[그림 3-6]. 후대 사람들은 이 그림을 '하도河圖'라고 불렀다. 이 그림은 1부터 9까지 9개의 자연수를 3×3의 방진方陣으로 배열한 것이다[그림 3-7].

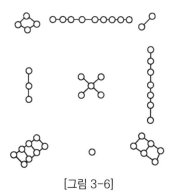

[그림 3-6]

4	9	2
3	5	7
8	1	6

[그림 3-7]

흥미로운 점은 이 방진의 가로 3개의 행에 적힌 수의 합은 모두 15이다.

첫 번째 행 4+9+2=15

두 번째 행 3+5+7=15

세 번째 행 8+1+6=15

세로 3개의 열에 적힌 수의 합도 모두 15이다.

$$\text{첫 번째 열} \quad 4+3+8=15$$

$$\text{두 번째 열} \quad 9+5+1=15$$

$$\text{세 번째 열} \quad 2+7+6=15$$

두 대각선에 적힌 수의 합도 각각 15이다.

$$4+5+6=15$$

$$2+5+8=15$$

이런 그림을 마방진이라고 부른다. 하도는 바로 3×3 마방진으로 그 성질이 특이하기 때문에 고대 사람들은 이를 미신으로 이용했다. 고대 인도인과 고대 아랍인들도 이 3×3 마방진을 비교적 일찍 알았으며, 그들 역시 그것이 신기한 힘이 있어서 사악한 구역을 피할 수 있다고 여겼다. 지금도 이 3×3 마방진이 새겨진 금속 조각을 목에 걸어 부적처럼 쓰는 사람들이 있다.

이 오래된 하도는 보기에는 단지 숫자놀음에 지나지 않지만, 현대에는 어떤 사람이 뜻밖에도 그것을 게임이론에 이용하면서 단체전 패러독스를 끌어냈다. 그렇다면 무엇을 단체전 패러독스라고 하는가? 처음으로 돌아가 다시 이야기하자.

테니스팀 3개의 수준이 막상막하로 만약 갑이 을에게 지고, 을이 병에게 진다면 갑은 반드시 병에게 질까?

만약 $a>b$, $b>c$라면 $a>c$라고 여기는 것은 사람들이 인과관계에 따라 문제를 생각하는 것에 익숙하기 때문이다. 하지만 호불호, 승패는 이와 같이 생각할 수 없는 오래된 마방진 문제로 좀 더 분명하게 짚어볼 수 있다.

테니스협회는 1~9번 선수 중에서 실력이 비슷한 선수들을 3팀으로 묶고 각각의 팀에서 한 명씩을 뽑아 경기를 치르려고 한다.

갑 팀 : 1번, 6번, 8번

을 팀 : 3번, 5번, 7번

병 팀 : 2번, 4번, 9번

마침 각 행과 열, 대각선 숫자의 합이 모두 15가 되도록 3×3 마방진으로 배열할 수 있다. 경기가 리그전 방식으로 진행되므로 각 팀의 어떤 팀원은 반드시 다른 두 팀의 각 팀원들과 우열을 겨루어야 하며, 각각의 팀 사이에는 9번의 경기가 치러진다. 만약 모든 팀원이 정상적인 실력을 발휘한다면 즉, 랭킹이 낮은 팀원이 랭킹이 높은 팀원을 이길 수 없다면, 어느 팀이 우승을 차지할까?

갑 대 을의 경기에서 1번은 3승, 6번은 1승(7번에 이김) 2패, 8번은 3패를 하였다면 갑 팀은 모두 4승 5패이므로 갑 팀은 을 팀에 졌다.

을 대 병의 경기에서 3번은 2승(4번, 9번에 이김), 5번은 2승(9번에 이김), 7번은 1승(9번에 이김)을 하였다면 을 팀도 4승 5패이므로 을 팀은 병 팀에 졌다.

지금 갑이 을에게, 을이 병에게 졌으니 갑이 병에게 진 것일까? 아니다. 갑 팀이 가장 강해 보이는 병 팀을 이길 수 있다. 갑과 병의 경기에서 1번은 3전 3승, 6번은 1승(9번에 이김), 8번 1승(9번에 이김)으로 갑 팀은 5승 4패이므로 갑 팀은 병 팀을 이겼다.

이렇게 볼 때 세 팀이 모두 정상적인 경기를 한다는 가정에서 1위, 2위, 3위를 확정하기 어렵다. 현대 수학에는 게임이론이라는 분야가 있는데 '단체경기 패러독스'는 게임이론의 연구문제이다.

4×4 마방진

4×4 마방진은 모두 880종이 있지만, 다음 몇 개의 4×4 마방진은 특색이 있다.

최초의 4×4 마방진은 인도 카주라호 신전의 한 비문에서 발견되었는데, 이 신전은 11세기 역사 유적이다. 이 마방진에서 가로, 세로 숫자의 합은 모두 34이다. 또한 대각선상의 4개수의 합은 34이다.

$$7+13+10+4=34$$

$$14+8+3+9=34$$

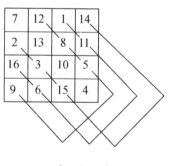

[그림 3-8]

또한 '부대각선副對角線'의 숫자의 합도 34이다[그림 3-8].

$$12+8+5+9=34$$

$$1+11+16+6=34$$

$$14+2+3+15=34$$

같은 방법으로

$$1+13+16+4=34$$

$$12+2+5+15=34$$

$$7+11+10+6=34$$

이런 마방진을 '범대각선 마방진'이라고 한다.

7	12	1	14	7	12	1	14
2	13	8	11	2	13	8	11
16	3	10	5	16	3	10	5
9	6	15	4	9	6	15	4
7	12	1	14	7	12	1	14
2	13	8	11	2	13	8	11
16	3	10	5	16	3	10	5
9	6	15	4	9	6	15	4
7	12	1	14	7	12	1	14

[그림 3-9]

어느 세계박람회장에서 사람들이 행사장 바닥의 네모난 벽돌 위에 적힌 숫자를 보고 놀라 소리를 질렀다[그림 3-9]. 바닥이 4×4 마방진으로 구성되어 작은 네모의 가로, 세로 숫자의 합도 34라는 사실에 감탄을 자아냈다.

영국 교양 수학 과학 작가인 헨리 듀드니는 저서 《캔터베리 난제집》에서 변형이 가능한 4×4 마방진 하나를 소개했다. [그림 3-10]과 같은 4×4 마방진을 선을 따라 4조각으로 자르고 다시 합한다. 그러면 또 다른 4×4 마방진을 얻는다.

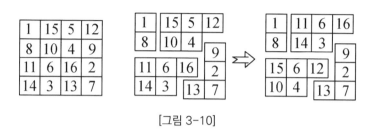

[그림 3-10]

1514년에 유명 화가인 알브레히트 뒤러^{Albrecht Durer}가 그린 〈멜렌콜리아 I ^{Melancholia I}〉이라는 동판화에 4×4 마방진이 나타났다[그림 3-11]. 이 마방진에서 각 행, 각 열, 두 개의 대각선 위의 숫자의 합은 모두 34로 같으며, 그중 두 개의 '부대각선' 위 4개의 숫자의 합도 34이다.

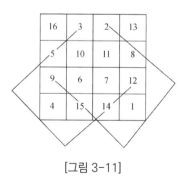

[그림 3-11]

그리고 이 4×4 마방진을 2×2 마방진 네 조각으로 나누었을 때, 각 마방진의 네 개의 숫자를 합하면 모두 34가 된다. 뿐만 아니라, 뒤러의 마방진의 한가운데에서 작은 2×2 마방진을 잘라내어보면 이 작은 마방진 안 4개의 숫자의 합도 34이다. 즉, 이것도 '변형 가능한 마방진'이다[그림 3-12].

16	3
5	10
9	6
4	15

2	13
11	8
7	12
14	1

16	3	2	13
5	10	11	8
9	6	7	12
4	15	14	1

[그림 3-12]

신기하지 않은가. 그리고 더 재미있는 것은 뒤러는 그림의 연도 '1514'를 이 마방진에 독특하게 박아 넣었는데, 이것은 마방진의 네 번째 줄 가운데 두 개 수만 보면 된다. 이렇게 많은 성질을 가진 데다가 '역사의 흔적'이라는 마방진이 880종의 4×4 마방진에서 튀어나와 전해질 수 있게 되었다.

뒤러의 이야기는 끝났지만 몇백 년이 지나 다시 '속편'이 나왔다. 1900년, C. F. 브래튼이라는 건축가가 뒤러의 마방진을 보고

영감을 얻었다. 그는 마방진 안의 숫자를 순번으로 삼아 마방진 중의 모든 수를 차례로 연결하였다. 이렇게 꼬불꼬불한 선을 '환 직선'이라고 하는데 이것을 흑백으로 교차하여 색을 칠해 신비 로운 색채를 띠는 도안을 만들었다. 나중에 브래튼은 이 도안을 건축 장식, 직물 도안 디자인, 책 도안에 사용하였다[그림 3-13].

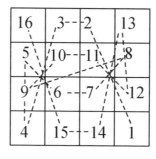

[그림 3-13]

수학과 예술은 끊을 수 없는 인연을 가지고 있다.

π와 인연이 있는 마방진

1979년 마틴 가드너는 〈사이언스 아메리칸〉지에 5×5 마방진 두 개를 발표하였다[그림 3-14].

17	24	1	8	15
23	5	7	14	16
4	6	13	20	22
10	12	19	21	3
11	18	25	2	9

[그림 3-14]

이 마방진의 각 행과 열 및 대각선상의 숫자를 합하면 모두 65이다. 얼핏 보면 이것은 일반적인 마방진에 지나지 않는다.

π의 앞 25자리를 열거하면

$$\pi = 3.1415926535897932384626643\cdots \qquad (1)$$

그리고 다음 작업을 한다.

1. 5×5의 격자 종이를 다시 그린다.

158

2. 새 격자 종이에 25개의 숫자를 채워 넣는다. 각각의 수를 채우는 방법을 설명하겠다.

마방진의 1행 1열에 있는 수는 17이다. 우리는 식(1)에서 17번째 숫자가 2이므로 새 격자 종이의 해당 위치에 2⋯ 이런 방법으로 새로운 5×5 마방진을 얻는다[그림 3-15].

2	4	3	6	9	(24)
6	5	2	7	3	(23)
1	9	9	4	2	(25)
3	8	8	6	4	(29)
5	3	3	1	5	(17)

(17) (29) (25) (24) (23)

[그림 3-15]

각 행의 숫자를 합하면 24, 23, 25, 29, 17로 순서만 다를 뿐, 각열의 숫자를 합해도 같은 종류의 숫자들로 나타난다는 것이 확인된다. 이 얼마나 기묘한가!

마보 마방진

체스판은 8×8로 되어 있으며, 체스의 말은 '킹, 퀸, 비숍, 나이트, 룩, 폰' 등으로 되어 있다. 그중에서도 '퀸'의 힘이 가장 커서 가로, 세로 또한 비스듬히 갈 수도 있다.

'비숍'과 '퀸'은 틀림없이 체스판 어느 구석에도 갈 수 있다. 그러나 '룩'은 안 된다. 흑색 칸에서 가는 '룩'은 영원히 흑색 안에서만 갈 수 있을 뿐만 아니라, 백색 칸에서 가는 '룩'은 영원히 흑색 칸에 도달할 수 없다. '나이트'의 주법은 좀 제멋대로이다. 그렇다면 '나이트'는 각 칸을 한 번씩만 움직여 바둑판을 돌아다닐 수 있을까? 이것은 매우 흥미로운 문제로 '기사여행 문제'라 불리는데, 이 문제는 가장 먼저 오일러가 제기하고 연구하였다.

오일러는 다음과 같은 방법을 고안했다[그림 3-16].

1	48	31	50	33	16	63	18
30	51	46	3	62	19	14	35
47	2	49	32	15	34	17	64
52	29	4	45	20	61	36	13
5	44	25	56	9	40	21	60
28	53	8	41	24	57	12	37
43	6	55	26	39	10	59	22
54	27	42	7	58	23	38	11

[그림 3-16]

체스판 위의 각 숫자는 '나이트'의 걸어가는 순번이다. '나이트'는 모든 칸을 지나는데 누락된 것이 없고, 또한 각 칸을 한 번 지나갈 뿐 중복되지 않는다. '나이트'는 이렇게 빙빙 돌면서 바둑판을 돌아다닌다. 이것으로도 이미 충분히 교묘하지만, 이 그림 속의 또 다른 숨겨진 성질들을 알게 된다면 여러분은 반드시 책상을 치며 훌륭하다고 할 것이다.

먼저, 이 그림은 8×8 마방진을 이룬다. 각 행의 숫자의 합은 모두 260이고 각 열의 숫자의 합도 260과 같다. 또한 이 마방진은 '자모마방진'으로 4개의 4×4 마방진으로 나누어도 각 마방진의 각 행과 각 열의 숫자를 합하면 모두 130으로 같다. 이 마방진을 '마보 마방진'이라고 부른다.

수학 정원사와 100달러의 상금

　20세기 수학계의 별들은 누가 가장 위대하다고 말할 수 없을 정도로 빛난다. 하지만 교양 수학과학 작가, 취미수학 전문가를 꼽자면 단연 '마틴 가드너^{Martin Gardner}'라고 할 수 있다. 중국의 유명한 교양 수학과학 저술가 담상백 교수는 《수학 가드너》라는 책의 번역자 서문에서 "마틴 가드너는 비록 지금까지 교수가 된 적이 없지만, 세계 각국의 많은 일류 수학자들이 그의 이름을 듣자마자 모두 숙연해지기 시작했다."라고 밝혔다.

　마틴 가드너는 20년 넘게 유명 학술지 〈사이언스 아메리칸〉에 매달 칼럼을 기고해 왔으며, 심오하고 지루한 수학 이론을 대중적이고 재미있는 이야기와 게임으로 만들어 사람들에게 소개하고 있다. 그래서 그는 '수학 정원사'로도 불린다.

　1988년에 이 수학 정원사는 한 가지 문제를 내고 스스로 해답을 제시한 뒤, 자기 자신에게 상금 100달러를 지불하였다. 커피 한 잔에도 몇 달러씩 드는 미국에서 100달러는 그리 크지 않은 금액일 수 있지만(과학을 사랑하는 사람들에게 종종 돈은 무시되기도 한다) 어떤 사람은 많은 노력을 들여서 문제를 해결해 이 상금을 받는다. 하지만 만약 문제를 푼 해답자가 커피를 마시는 습관이 있다면, 100달러는 그가 이 문제를 풀기 위해 고심할 때 마시는 커피 값의 반에도 미치지 못할 것이다.

소수 마방진이란 것이 있다. 소수를 격자 안에 채워 각 행, 각 열의 숫자 합이 모두 같게 하는 것이다. 사람들은 이미 매우 많은 3×3의 소수 마방진을 구성해냈을 뿐만 아니라, 이미 일반적인 계산 방법을 유도하였다. 마틴 가드너가 현상금을 건 문제는 바로 연속된 소수로 구성된 3×3 마방진을 만들 수 있느냐 하는 것이었다.

얼마 후, 해리 넬슨이라는 사람이 크레이 슈퍼컴퓨터로 교묘한 프로그램을 이용하여 이 문제를 해결하고 22개의 해답을 제시하였다. [표 3-3]는 그중의 일부 해답이다.

1480028201	1480028129	1480028183
1480028153	1480028171	1480028189
1480028159	1480028213	1480028141

[표 3-3]

넬슨은 그의 프로그램으로 이 해답을 만족하는 최소한의 수치로 증명하지는 못했지만, 다른 사람들은 그보다 더 적은 해답을 찾을 수 있을 뿐이라고 말했다.

사막에서 바늘 찾기

마방진에 많은 아마추어 수학 애호가들이 매료되었다. 이는 심오한 수학적 지식이 필요 없을 뿐만 아니라 흥미롭기 때문이다. 수학 애호가들은 많은 새로운 접근방법을 만들어 적지 않은 기록을 세웠다. 마방진 영역은 다른 수학 분야와는 그 성격이 좀 달라 아마추어 수학 애호가들이 능력을 발휘할 수 있었다. 수학 애호가들이 마방진을 연구하는 과정에서 사람들을 감동시키는 이야기가 적지 않은데, 여기에서 두 가지 예를 소개하려고 한다.

1980년, 중국의 중학생이었던 양배기는 과학 보급서에서 '쌍료 마방진'이라는 8×8 마방진이 각 행과 열의 숫자의 합이 같다는 것을 알았다. 그는 '쌍료 마방진'에 깊이 끌려서 새로운 '쌍료 마방진'을 짜려 했다. 생활이 그다지 넉넉하지 않았던 터라 그는 열 몇 개의 주판을 한데 배열해 놓고 계산해 마침내 새로운 8×8 마방진을 만들어냈다. 하지만 결과는 좋지 않았다. 여러 곳에 투고하였지만 받아들여지지 않았던 것이다.

이후 저명한 수학자 양종거 교수에게 편지를 보내 추천을 받아 마침내 학술지 〈수학연구와 평론〉에 실렸다.

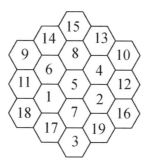

[그림 3-17]

또 다른 예도 있다. 한 철도회사 직원이 여가시간에 마방진 연구를 즐겼다. 47년간의 노력으로 그는 3×3의 '육각 마방진'[그림 3-17]을 찾아내었다. 도형에서 서로 다른 방향의 한 줄에 있는 숫자(때로는 3개, 4개 또는 5개)의 합은 모두 38이다.

그 또한 연구 성과를 어느 수학자에게 보냈지만, 그 수학자가 내용을 제대로 검토하지 않자 여러 차례 독촉 끝에 비로소 진지하게 심사하였다고 한다. 이 수학자는 각종 문헌을 다 찾아보았지만 '육각 마방진'이라는 것을 어디에서도 찾아내지 못했으며 이는 세계 최초임을 알고 그제서야 진일보한 탐색을 진행했다.

이후 연구에 의하면, 이것은 첫 번째 '육각 마방진'일 뿐만 아니라, 유일한 '3×3 육각 마방진'이었다. 이는 사람들을 놀라게 하기에 충분했다. 또한 2×2 육각 마방진은 존재하지 않으며,

3×3보다 높은 단계의 육각 마방진도 존재하지 않는다는 것이 밝혀졌다. 이는 철도 회사의 직원이 찾은 육각 마방진이 유일하다는 것을 말해 준다.

　매우 어렵게 물건을 찾는 것을 사람들은 '사막에서 바늘 찾기'라는 말로 표현한다. 육각 마방진을 찾은 것이야말로 망망대해에서 바늘을 찾은 것이다.

오일러 36 장교 문제

18세기 프로이센 왕국에서 벌어진 일이다. 프리드리히 대제가 열병식을 성대하게 행하기를 원해 열병식의 선두 부대를 좀 특색 있게 조직하려 했다. 왕국에는 6개의 부대가 있는데, 프리드리히 대제는 각 부대마다 6명씩 총명한 장교가 선발되길 바랐다. 이들 6명의 장교는 계급이 달라야 한다는 조건도 덧붙였다.

오래지 않아 36명의 장교가 모두 왕국에 도착하여 부대 훈련을 준비하였다. 프리드리히 대제가 부대에 도착하였을 때 갑자기 36명의 장교에게 6×6 방진을 구성하라고 명령하였다. 각 행과 열에 모두 각 부대의 장교 1명과 각 계급의 장교 1명을 포함해야 한다. 열병식 지휘관은 즉시 프리드리히 대제의 뜻에 따라 요구에 부합하는 방진(병사들을 사각형으로 배치하여 친 진)을 구성하려 하였다. 그러나 그런 방진의 구성은 불가능했다. 프리드리히 대제는 화가 나서 지휘관을 심하게 꾸짖었다. 결국, 모두 어쩔 수 없이 대수학자인 오일러에게 가르침을 청했다.

오일러는 간단한 방법으로 손을 댔다. 부대를 I, II, III으로 표시하고 계급을 1, 2, 3으로 표시한다면 조건에 맞는 3×3 방진은 [표 3-4]와 같다.

I 1	II 2	III 3
II 3	III 1	I 2
III 2	I 3	II 1

[표 3-4]

1행에서 부대 I에 1급 장교, 부대 II에 2급 장교, 부대 III에 3급 장교가 배치되어 부대와 계급이 모두 다르다. 다른 행과 열도 마찬가지다. 이런 방진을 라틴 마방진 또는 오일러 마방진이라고 하며 이는 당연하게도 3×3 마방진이다.

4×4, 5×5의 라틴 마방진도 만들 수 있다. 그러나 오일러는 프리드리히 대제가 요구한 6×6 라틴 마방진은 만들지 못했다. 여러 가지 시도를 거친 후에야 오일러는 6×6 라틴 마방진은 아예 존재하지 않는다는 추측을 내놓았다. 그는 또 6×6 라틴 마방진은 물론 10×10, 14×14 등 홀수의 2배인 '$2(2n+1)$'형식의 라틴 마방진도 존재하지 않는다고 주장했다.

오일러의 이런 추측은 100년 동안 풀리지 않았다. 1842년 누군가가 이 일에 대해 대수학자인 가우스에게 가르침을 청했지만, 가우스는 즉답을 하지 않았고 연구할 흥미도 보이지 않았다.

1900년까지 수학자인 가스톤 타리는 완전한 귀납법으로 6×6 라틴 마방진은 존재하지 않는다는 것을 힘겹게 증명하였다.

1910년 독일의 수학자 볼로닉은 대수적 방법으로 $2(2n+1) \times 2(2n+1)$ $(n>1)$의 라틴 마방진이 존재하지 않는다고 주장했다. 그러나 1923년 미국의 수학자 맥니쉬는 볼로닉의 증명이 틀렸다는 것을 지적하면서 위상법을 내놓았다. 1942년 이 증명은 독일의 기하학자 코바이에 의해 또 오류가 발견되었다. 1958년 미국 수학자 E. T. 파커는 21×21의 라틴 마방진을 만들었다.

이어 인도의 기하학자 로지 찬드라 보스는 22×22의 라틴 마방진의 배열이 존재한다는 놀라운 성과를 거뒀다. 이 연구가 놀라운 것은 오일러의 추측이 틀렸음을 선언했기 때문이다. 이어서 파커는 또 10×10의 라틴 마방진도 존재한다는 것을 증명하며 오일러의 추측을 다시 한번 깨뜨렸다.

마지막으로, 보스와 그의 학생 시리크 헌터는 2×2과 6×6을 제외한 모든 라틴 마방진이 존재한다는 것을 증명하였다. 따지고 보면 오일러는 단지 6×6의 상황만을 알아맞힌 것이다.

이로써 '36 장교 문제'가 불러온 오일러의 라틴 마방진에 대한 추측은 종지부를 찍게 되었다. 이는 20세기 수학사의 한 대목이다. 수학사가 여러 차례 증명했듯이, 몇몇 수학 이론은 놀이에서 유래한 것이다. 그러나 이러한 게임들이 이후에 하나의 수학 분야로 발전할 수 있었던 것은 대부분 이런 게임과 실제 상황의 문제가 결합되었기 때문이다. 라틴 마방진 문제도 마찬가지다.

20세기에 들어 응용수학은 급속도의 발전을 이루었다. 실험을 하려면 수학을 이용해야 한다. 예를 들어, 정사각형의 밭에 세 가지 작물 '보리, 밀, 메밀'을 심고, 세 가지 비료로 '질소 비료, 인 비료, 칼륨 비료'를 주려고 한다. 이 밭에 어떤 작물을 심고 어떤 비료를 주는 것이 가장 적합하고, 또한 실험 구성에서 시간과 돈을 절약할 수 있을지 생각해 보자.

이런 문제에서는 여러 가지 경우를 고려해야 한다. 우리는 땅을 3×3으로 분할하여 9개의 부분으로 나누고 각 행과 열마다 서로 다른 밀을 심을 수 있게 할 뿐만 아니라 3종의 비료를 줄 수 있다. 눈치 빠른 사람은 바로 3×3 라틴 마방진을 이용할 생각을 했을 것이다[표 3-5].

밀, 질소	메밀, 인	보리, 칼륨
보리, 인	밀, 칼륨	메밀, 질소
메밀, 칼륨	보리, 질소	밀, 인

[표 3-5]

이 실험방법은 통계학자 피셔^{Ronald Fisher}가 사용한 것으로 알려져 있다.

왜 이런 현상을 '잠자리효과'나 '개미효과'가 아닌 '나비효과'라고 할까?
로렌츠는 컴퓨터 프로그램을 제작해 기후 변화를 시뮬레이션하고
그림으로 표시한 결과 그림이 혼돈스럽다는 사실을 알게 되었고,
날개를 활짝 편 나비처럼 생겼다고 생각했다.

4장

집합과 논리

수학 이야기

구사일생

　고대의 어느 나라에서 법관은 추첨 방법으로 죄수의 생사를 결정하였다. 판사가 두 장의 종이에 각각 '생生'과 '사死'를 적고 한 장을 뽑게 한다. 만약 '생生'을 뽑으면 사면이 되고 '사死'를 뽑으면 바로 처형된다.

　한 죄수가 법관과 사적인 원한이 있어 판사는 그에 대한 복수를 위해 몰래 두 장의 종이에 모두 '사死'를 써넣었다. 죄수의 절친한 친구가 이 정보를 입수해 몰래 죄수에게 알렸다. 이 사실을 알게 된 죄수는 목숨을 건질 수 있을 거 같아 매우 기뻐했다. 어떻게 된 일일까?

다음날, 법정에서 죄수는 바로 그 종이 두 장과 마주하자 재빨리 종이 한 장을 뽑아 뱃속으로 삼켜버렸다. 삼켜버린 종이가 '생生'인지 '사死'인지 아무도 알 수 없었다. 배심원들은 의논한 후에 남은 종이를 확인하면 죄수가 삼킨 종이를 확인할 수 있을 거라고 생각했다. 남겨진 종이에는 당연히 '사死'자가 적혀 있었고 배심원들은 죄수가 '생生'자를 삼켰다고 단정하게 되었다. 결국 법관은 죄수가 법정에서 풀려나는 것을 지켜볼 수밖에 없었다.

유리수는 몇 개일까?

우리는 0과 1이 모두 유리수라는 것을 안다. 하지만 0과 1사이에는 몇 개의 유리수가 있을까? 아마도 모든 학생이 그 답을 아는 것은 아닐 것이다.

어떤 사람은 0.5는 0과 1사이의 유리수라고 말할 수 있다. 또 어떤 사람은 0.1, 0.2, 0.3, …, 0.9는 모두 0과 1사이의 유리수라고 말할 수 있다. 따라서 0과 1사이에 9개의 유리수를 찾았다. 하지만 다시 생각해 보면 0.01, 0.02, 0.03,…, 0.09와 0.11, 0.12,…, 0.99는 모두 0과 1사이의 유리수이다. 그렇다면 0과 1사이에 99개의 유리수가 존재한다는 것일까? 어떤 이는 0과 1사이에 그렇게 많은 유리수가 있다는 것에 회의적인 시각을 보내기도 한다.

사실 0과 1사이 유리수는 99개에 그치지 않고 무한히 많은 유리수가 있다. 이 이치는 어렵지 않게 납득시킬 수 있다. 왜냐하면 0과 0.01사이에는 여전히 0.001, 0.002,…, 0.009와 같은 유리수가 있으며, 0과 0.001사이에도 여전히 많은 유리수가 존재하기 때문이다. 이런 방법으로 무한히 반복하다 보면 0과 1사이에 유리수는 무한하다는 것을 확인할 수 있다. 더 확장하면 0과

1사이에 무한히 많은 유리수가 있을 뿐만 아니라, 임의의 두 유리수 사이에도 모두 무한히 많은 유리수가 있다.

위 내용은 여러분이 문제를 이해하도록 돕고 엄밀한 증명을 할 수 있게 한다.

a와 b를 0과 1사이에 임의의 두 유리수라고 하면 이 두 수의 평균 $\frac{a+b}{2}$는 반드시 0과 1사이에 있다. 이와 같은 방법으로 a와 b사이에 있는 유리수를 하나 찾을 수 있다.

$\frac{a+b}{2}=c$라고 하자. a와 c의 평균을 c'로 표시하면 c'는 a와 c 사이에 있고, 당연히 a와 b사이에도 있다. 이렇게 해서 a와 b사이의 유리수 2개를 찾았다.

위와 같은 방법을 계속하여 3개, 4개, 5개 … 유리수를 찾을 수 있다. 그만큼 a와 b사이에 유리수가 무한히 존재한다. 이 결론을 유리수의 조밀성이라고 한다.

비록 유리수가 조밀하게 존재하지만 유리수를 수직선 위에 표시한다면 수직선 위에는 여전히 많은 빈틈이 생긴다. 이 틈을 바로 무리수가 채우는 것이다. 유리수와 무리수를 합한 전체 실수만이 수직선 위를 가득 채울 수 있다.

홀수, 짝수 어느 것이 더 많을까?

홀수가 많을까? 짝수가 많을까? 여러분은 분명히 똑같이 많다고 말할 것이다. 그런데 만약 내가 "양의 짝수가 많을까, 아니면 양의 정수가 많을까?"라고 묻는다면 여러분은 어쩌면 "당연히 양의 정수가 많죠. 양의 짝수는 양의 정수의 딱 반이니까요!"라고 대답할지도 모른다.

잠시, 두 집합의 원소가 어떤 것이 많고 적은지 비교해 보자.

가장 단순한 방법은 직접 세어보는 것이다. 그리고 또 하나의 방법은 대응법칙을 이용하는 것이다. 예를 들면, 유치원에 많은 어린이와 많은 의자가 있다고 하자. 이제 나는 이렇게 묻는다.

"어린이가 많을까, 의자가 많을까?"

"어린이들은 각자 의자에 한 명씩 앉으세요."라는 선생님의 명령이 떨어지면 어린이들은 저마다 이 명령을 완수하기 위해 의자를 하나씩 고른다. 이 명령을 모두 이행하면 어린이가 많은지 의자가 많은지 알 수 있다. 이것이 대응법칙이다. 의자 하나에 어린이가 한 명씩 앉아 있다면 어린이와 의자의 수는 같다고 할 수 있다.

두 가지 방법 중 어느 것이 더 좋은가? 보기에 두 번째 방법이 좀 괜찮아 보인다. 적어도 이론적으로는 이렇게 설명할 수 있다. 유한집합은 원소의 수로 두 집합의 크기를 비교할 수 있고, 무한집합은 대응법칙을 쓸 수밖에 없다.

이제 다시 본론의 질문으로 돌아가자.

"홀수가 많을까, 짝수가 많을까?"

양의 홀수와 양의 짝수는 일대일 대응이 가능하다. 아래와 같이

$$
\begin{array}{ccccc}
1 & 3 & 5 & 7 & 9\cdots \\
\updownarrow & \updownarrow & \updownarrow & \updownarrow & \updownarrow \\
2 & 4 & 6 & 8 & 10\cdots
\end{array}
$$

양의 홀수는 양의 짝수만큼 많다. 그렇다면, 양의 짝수가 많을까, 양의 정수가 많을까? 양의 짝수와 양의 정수 사이에는 다음과 같은 대응법칙이 성립한다.

$$
\begin{array}{cccccc}
1 & 2 & 3 & 4 & 5 & 6\cdots \\
\updownarrow & \updownarrow & \updownarrow & \updownarrow & \updownarrow & \updownarrow \\
2 & 4 & 6 & 8 & 10 & 12\cdots
\end{array}
$$

양의 정수는 어떤 양의 짝수에 대응되고 동시에 양의 짝수도 어떤 양의 정수에 대응되므로 어린이는 의자만큼 많고 양의 정수와 양의 짝수도 같은 정도로 많다.

양의 정수와 양의 짝수가 같다니! 여러분은 아마도 좀 놀랐을 것이다. 그렇다! 이 관점에서 양의 정수와 양의 짝수는 그 개수가 같다. 이 사실에 놀랄 필요는 없다. 다음 내용은 사람들을 더 놀라게 한다.

"유리수와 정수의 개수가 같다!"

우리는 유리수는 정수를 포함한다고 알고 있다. 양의 정수는 정수의 부분이고 정수는 유리수의 부분이다. 그렇다면 어떻게 전체와 부분이 같을 수 있는 걸까?

유리수는 1, 2, 3, …을 분모로 하는 분수로 나타나므로 모든 유리수를 다음과 같이 표현할 수 있다.

$$\frac{1}{1}, \frac{2}{1}, \frac{3}{1}, \frac{4}{1}, \frac{5}{1}, \frac{6}{1}, \cdots$$

$$\frac{1}{2}, \frac{2}{2}, \frac{3}{2}, \frac{4}{2}, \frac{5}{2}, \frac{6}{2}, \cdots$$

$$\frac{1}{3}, \frac{2}{3}, \frac{3}{3}, \frac{4}{3}, \frac{5}{3}, \frac{6}{3}, \cdots$$

$$\frac{1}{4}, \frac{2}{4}, \frac{3}{4}, \frac{4}{4}, \frac{5}{4}, \frac{6}{4}, \cdots$$

$$\cdots\cdots$$

기약분수가 아닌 것을 지우면

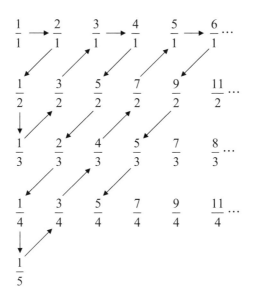

이를 하나의 수열로 생각하면 다음과 같이 나타낼 수 있다.

$$\frac{1}{1}, \ \frac{2}{1}, \ \frac{1}{2}, \ \frac{1}{3}, \ \frac{3}{2}, \ \frac{3}{1}, \ \frac{4}{1}, \ \frac{5}{2}, \ \frac{2}{3}, \ \frac{1}{4}, \ \frac{1}{5}, \ \cdots$$

이 수열을 완성한 후에 각 수에 항의 번호를 부여한다.

$$\frac{1}{1}, \ \frac{2}{1}, \ \frac{1}{2}, \ \frac{1}{3}, \ \frac{3}{2}, \ \frac{3}{1}, \ \frac{4}{1}, \ \frac{5}{2}, \ \cdots$$
$$\updownarrow \quad \updownarrow \quad \updownarrow \quad \updownarrow \quad \updownarrow \quad \updownarrow \quad \updownarrow \quad \updownarrow$$
$$1 \quad 2 \quad 3 \quad 4 \quad 5 \quad 6 \quad 7 \quad 8 \cdots$$

이와 같은 방법으로 유리수와 양의 정수 사이에 일대일대응 관계를 찾았다. 일대일대응관계가 있으니 이들의 수는 같다.

우리는 홀수, 짝수, 정수, 유리수 집합의 원소의 개수를 비교해 보았다. 그렇다면 유리수와 무리수는 그 개수가 같을까? 아니다! 무리수는 유리수보다 '많다'. 이 내용은 좀 심오하니 여기에서는 다루지 않겠다.

179 = 153?

벚꽃놀이에 참가한 여성팀을 집합 A, 남성팀을 집합 B라고 하자. 만약 집합 A의 원소가 128개이고, 집합 B의 원소가 51개라면 집합 A 또는 B에 해당하는 원소는 몇 개일까? 혹은 '벚꽃놀이에 참가한 사람은 모두 몇 명인가?'라고도 물을 수 있다.

분명한 것은 두 집합 A, B의 원소 개수를 더하면 $128+51=179$개로 바로 구할 수 있다. 그러나 다음의 문제 결과는 좀 차이가 있다.

어느 날 오후 점심, 식당에는 두 가지 메뉴인 국수와 만두가 있다. 조리원 소현이 그 수를 세어보니 준비된 음식은 모두 153인분이다. 그리고 국수를 선택한 사람을 세어보니 128명, 만두를 선택한 사람이 51명이었다. 그러면, 식사를 한 사람은 모두 $128+51=179$명이 된다. 그렇다면 $179=153$이 되는 셈인가?

이는 현실에서는 당연히 일어나지 않는 일이다. 그렇다면 어디가 잘못된 것일까? 우리는 방금 국수를 선택한 사람의 집합을 A, 만두를 선택한 사람의 집합을 B로 보고 식사를 한 사람은 합집합 $A \cup B$라고 하였다. 어째서 합집합 $A \cup B$의 원소의 개수가 집합 A와 집합 B의 원소의 개수를 더한 것과 다를까? 관찰력 있는 사람은 벌써 알아챘을지도 모른다. 그 이유는 일부 사람은 국수와 만두를 모두 먹었기 때문에 중복 계산된 결과이다.

만약 집합 A와 B가 공통원소를 가지지 않는다면, 합집합 $A \cup B$의 원소 개수는 집합 A와 집합 B의 원소의 개수를 더한 것과 같다. 집합 A와 B가 공통원소(중복되는 부분)가 있다면 합집합 $A \cup B$의 원소의 개수가 집합 A와 집합 B의 원소의 개수를 더한 것과 다르게 된다.

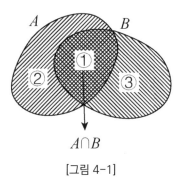

[그림 4-1]

좀 더 자세히 살펴보면 식사를 한 사람은 세 가지 경우로 나누어 볼 수 있다[그림 4-1].

① 국수와 만두를 모두 먹은 사람($A \cap B$)
② 국수만 먹고 만두는 먹지 않은 사람(A의 원소 중에서 $A \cap B$의 원소인 것을 없앤다).

③ 국수를 먹지 않고 만두만 먹은 사람(B의 원소 중에서 $A \cap B$의 원소인 것을 없앤다).

위 세 가지 경우는 서로 중복되지 않는다. 만약 이 세 부분에 해당하는 사람을 3개의 집합으로 나타내면 세 집합은 공통의 원소가 없고 식사를 한 사람의 수는 세 부분에 해당하는 사람의 수를 모두 더하면 된다. 이제 국수와 만두를 모두 먹은 사람의 수를 구하는 것이 관건이다. 소현은 교집합 $A \cap B$의 원소의 개수는 두 번 더해졌으므로 179≠153이라는 결과가 나왔다고 생각했다. 즉, 국수를 먹은 사람과 만두를 먹은 사람의 수를 더한 것에서 식사를 한 사람의 수를 빼면 소현이 말한 두 번 더해진 값이 나오는 것이다. 이것은 바로 국수와 만두를 모두 먹은 사람의 수로, $A \cap B$의 원소의 수이다.

$$128 + 51 - 153 = 26(명)$$

따라서 우리는 국수와 만두를 모두 먹은 사람은 26명, 국수만 먹은 사람은 102명, 만두만 먹은 사람은 25명임을 확인할 수 있다. 그러므로 식사를 한 사람의 수는 179명이 아니라 153명이 된다.

집합의 개념을 이용하여 보기에 복잡해 보이는 상황을 정리해 보았다.

저팔계가 수박씨를 세다

전해 내려오는 이야기다. 당나라 승려와 제자들이 서쪽으로 법을 구하러 가는데, 한여름이라 뜨거운 태양 아래 모두 목이 말라 힘이 없었다. 당나라 승려는 저팔계에게 물을 찾아 갈증을 해소하라고 명했다. 저팔계는 비록 원하지는 않았지만 스승의 명령을 어길 수 없어 홀로 산속으로 들어갔다.

한참을 걸었지만 물은 전혀 보이지 않았다. 난처해하고 있을 때 갑자기 길옆에 큰 수박밭이 보였다. 저팔계는 일행을 생각할 겨를도 없이 혼자 허겁지겁 수박을 먹어치웠다. 그는 수박을 먹으면서 수박씨는 호주머니에 넣었다. 그러다 자신이 버린 수박껍질을 밟고 넘어져서 코가 시퍼렇게 되고 얼굴이 부어올랐다. 그는 놀라 얼른 일어나면서도 주머니 속의 수박씨를 염려하고 있었는데 손을 넣어보니 수박씨가 일이백개 정도 되는 것 같았다.

저팔계는 남아있는 수박씨의 정확한 개수를 알고 싶어 궁금증을 참지 못하고 하나씩 세어나갔다.

"1, 2, 3, 4,……"

저팔계는 이렇게 세는 것은 너무 느려 새로운 방법이 필요하다고 생각하였다.

　"3개, 또 3개, 또 3개, ……"

　저팔계는 이 방법이 훨씬 효율적이라고 생각했다. 이런 식으로 계속 세어보니 마지막에 두 개가 남았다. 그런데 자신만만하게 세다 보니 몇 번 세었는지를 잊었다. 저팔계는 어쩔 수 없이 처음부터 다시 세기로 했다. 그는 다시 새로운 방법을 생각해내었다. 5개씩 세어보니 마지막에 3개가 남았다. 저팔계는 열심히 세다가 엉덩이 통증으로 잠시 딴생각을 하는 바람에 또 몇 번을 세었는지 잊어버렸다. 이번에는 7개씩 세는 것에 도전하였다. 눈이 침침해질 때까지 계속하여 겨우 다 세어보니 마지막에 4개가 남았다. 이번에는 끝까지 정신을 놓지 않고 횟수를 기억하려고 애썼다.

　반나절 동안 세다 보니 몇 번이었는지 기억이 가물가물했다. 저팔계는 다시 세고 싶지 않아 큰 한숨을 쉬며 이렇게 말했다.

　"난 정말 수학에는 소질이 없어!"

　그의 마음속에는 여전히 수박씨가 몇 개인지 알고 싶은 마음이 가득했다.

　여러분은 이 상황을 이해했는가? 저팔계의 호주머니에 있는 수박씨는 모두 몇 개일까? 우리는 앞서 이런 종류의 문제를 다뤄보았다. 여기에서도 교집합의 방법으로 확인하려고 한

다. 3개, 3개의 수, 남은 2개가 의미하는 것은 곧 2개, 5개, 8개
… 등이 수박씨의 개수가 될 수 있음을 의미하는데 이는 3배한
값보다 2가 더 많은 것으로 수박씨의 수는 다음 집합의 원소를
나타낸다.

A = {2, 5, 8, 11, 14, 17, 20, 23, 26, 29, 32, 35, 38, 41, 44,
    47, 50, 53, …}

같은 방법으로 다른 상황에서도 각각 다음과 같은 집합을 생
각할 수 있다.

B = {3, 8, 13, 18, 23, 28, 33, 38, 43, 48, 53, 58, 63, 68, …}
C = {4, 11, 18, 25, 32, 39, 46, 53, 60, 67, 74, …}

이로써 우리는 어렵지 않게 집합 A, B, C의 교집합 A∩B∩C
를 구할 수 있다.

$$A∩B∩C = \{53, 158, 263, …\}$$

따라서 저팔계의 수박씨는 53개일 수 있고 158개 또는 263개
… 일 수도 있다. 호주머니 속의 수박씨의 개수가 대략 100개에
서 200개 정도일 거라고 예상하니 우리는 그 개수가 158개임을
알 수 있다.

수학시험에서 A, B, C, D, E의 다섯 명의 학생이 상위 5위를 차지하게 되었다. 선생님은 이 학생들에게 축하의 메시지를 전하였다. 그러자, 어떤 학생이 이렇게 물었다.

"저희는 상위 5위라는 것은 알지만 각자의 정확한 순위를 모릅니다. 선생님의 말씀을 기다리고 있어요."

"여러분은 모두 총명하니 서로 의논해서 한번 알아 맞춰보세요!" 선생님의 이야기에 학생들은 자신의 생각을 다음과 같이 말했다.

A : 2등은 D이고 3등은 B야.

B : 2등은 C이고 4등은 E야.

C : 1등은 E이고 5등은 A야.

D : 3등은 C이고 4등은 A야.

E : 2등은 B이고 5등은 D야.

학생들의 대답에 선생님은 "안타깝게도 여러분의 추측에서 각자 반은 맞고 반은 틀렸어요."라고 말하자, 5명의 학생들은 바로 답을 찾아내었다.

여러분도 생각해 보자. 도대체 어떻게 분석한 것일까?

선생님의 말에 따르면 각자의 생각에서 반만 옳다. A의 생각에서 '2등은 D'가 참이라고 가정하면 '3등은 B'는 곧 거짓이다. 그리고 E의 생각에서 '2등은 B'도 거짓이다. 동시에 '5등은 D'도 거짓이 된다. 이는 선생님의 말(각자의 생각에서 반은 참이다)에 모순이므로 가정한 사실은 성립하지 않는다.

이번에는 A의 생각 '3등은 B'가 참이라고 가정하자. 그러면 '2등은 D'는 거짓이다. 따라서 다른 사람의 생각은 다음과 같이 확인된다.

E의 생각 : '2등은 B' 참, '5등은 D' 거짓

C의 생각 : '1등은 E' 참, '5등은 A' 거짓

B의 생각 : '2등은 C' 참, '4등은 E' 거짓

D의 생각 : '3등은 C' 참, '4등은 A' 거짓

만약 여러분이 이와 같은 추리방법을 쓴다면 이는 수학 공부에 큰 도움이 될 것이다.

다음은 표로 나타내는 방법이다. 어떤 경우에는 위의 방법보다 더 쉽게 유추할 수 있다. 위에서 언급된 학생 A, B, C, D, E의 경우 [표 4-1]과 같이 나타낼 수 있다.

학생	순위				
	1	2	3	4	5
A		D	B		
B		C		E	
C	E				A
D			C	A	
E		B			D

[표 4-1]

　각 학생의 생각 중에 '반만 참이다', '모든 학생은 등수가 있다'
는 이 두 조건과 숨겨진 조건 '모든 사람의 등수는 다르다'를 고
려한다. 위 표에서 문제해결의 핵심은 C의 생각임을 알 수 있다.
1등에는 E밖에 없으므로 'E가 1등'은 참이므로 (✓)표시하고 'A
는 5등'은 거짓이므로 (×)표시를 한다. 동시에 'A는 4등', 'D는 5
등'은 참이므로 ✓ 표시를 하여 [표 4-2]를 완성할 수 있다.

학생	순위				
	1	2	3	4	5
A		D×	B✓		
B		C✓		E×	
C	E✓				A×
D			C×	A✓	
E		B×			D✓

[표 4-2]

따라서 1등 E, 2등 C, 3등 B, 4등 A, 5등 D이다.

다양하고 복잡한 상황에서 해답을 찾아내야 하는 문제에 부 딪혔을 때, 만약 표를 그리거나 도표로 표현하여 분석한다면 내 용을 분명하게 파악할 수 있을 뿐만 아니라, 숨은 조건도 명확히 알 수 있고 핵심포인트를 찾는 데 용이하다.

검정 모자와 흰 모자

　어느 날, 스승은 자신의 제자 3명 중 가장 총명한 학생이 누군지 알고 싶어 한 가지 방법을 생각했다. 우선 모자 5개를 준비했는데 3개는 흰색, 2개는 검은색이다.

　테스트 전에 스승은 3명의 제자들에게 모자를 보여준 후, 눈을 감게 하고 각 학생들에게 모자를 하나씩 씌워주었다. 그리고 난 후에 2개의 검은 모자는 숨겼다. 마지막으로 스승은 학생들이 눈을 뜨고 자신이 쓰고 있는 모자의 색을 맞추게 하였다.

　3명의 제자는 서로의 모자를 확인하고 잠시 신중하게 생각하더니 만장일치로 모두 흰색 모자라고 입을 모았다. 3명은 어떻게 추측을 한 것일까? 그들의 추론 과정은 다음과 같다.

　우선 문제를 단순화하자. '두 사람, 두 개의 흰 모자, 한 개의 검은 모자'의 상황이라고 생각해 보자.

　갑은 을이 흰 모자를 쓰고 있는 것을 확인하고 자신이 쓰고 있는 모자는 흰색 또는 검은색이라고 생각한다. 그리고 만약 자신이 검은색 모자를 쓰고 있다면 을은 바로 자신이 쓰고 있는 모자가 흰색(잊지 마라! 그들은 모두 총명한 학생들이다.)이라고 말할 것이다. 하지만 지금 을은 어떤 답도 말하지 않았고 갑은 검은 모자가 아니라 흰 모자라는 것이다.

다시 '세 사람, 세 개의 흰 모자, 두 개의 검은 모자'의 상황이라고 생각해 보자.

갑은 을과 병이 모두 흰 모자를 쓰고 있는 것을 보고 자신이 쓴 모자는 무슨 색이라고 생각할까? 갑의 추리는 다음과 같다. 만약 자신이 검은 모자를 쓰고 있다면 을, 병은 '두 개의 흰 모자, 한 개의 검은 모자'인 상황이 된다. 오랜 시간 고민한 끝에 을, 병 두 사람은 모두 자신이 쓴 모자는 흰색이라고 말할 것이고 갑은 자신이 흰 모자를 쓰고 있음을 알게 될 것이다.

중국 수학자 화라경은 강연 중에 여러 번 이 문제에 대해 언급하였다. 이런 문제는 반증법과 수학적 귀납법을 포함한다.

아래에 5장의 표가 있다. 여러분은 어느 장의 표에 자신의 나이가 적혀 있는지 말하기만 해도 나는 즉시 여러분의 나이를 알아맞힐 수 있다. 여러분은 이 말을 믿을 수 있는가?

1,	3,	5,	7,	2,	3,	6,	7,
9,	11,	13,	15,	10,	11,	14,	15,
17,	19,	21,	23,	18,	19,	22,	23,
25,	27,	29,	31,	26,	29,	30,	31,

[표 4-3]　　　　　　　　　　[표 4-4]

4,	5,	6,	7,	8,	9,	10,	11,
12,	13,	14,	15,	12,	13,	14,	15,
20,	21,	22,	23,	24,	25,	26,	27,
28,	29,	30,	31,	28,	29,	30,	31,

[표 4-5]　　　　　　　　　　[표 4-6]

16,	17,	18,	19,
20,	21,	22,	23,
24,	25,	26,	27,
28,	29,	30,	31,

[표 4-7]

　예를 들어, 자신의 나이가 [표 4-7]과 [표 4-3]에 있다면 나는 바로 17세라고 말할 것이다. 또한, 만약 자신의 나이가 [표 4-6]과 [표 4-5]에 있다면 나는 바로 12세라고 할 것이다. 아마도 여러분은 그 비밀이 어딘가에 숨어있다고 생각할 것이다.

　오묘함은 바로 이것 즉, 여러분이 자신의 나이가 있는 표를 말하는 순간 나는 몇 장의 표의 첫 번째 수를 모두 더하여 당신의 나이를 맞출 수 있다. (※주의 : 이 5장의 표로 나이를 알아맞혀야 하고 나이는 31세를 넘어서는 안 된다.)

　여러분도 확실한 나이를 얻을 수 있는지 한번 직접 해보자. 이 표들은 어떻게 만들어진 걸까? 사실 그렇게 신비스러운 비밀이 있는 것은 아니다. 바로 이진법 수를 이용했다. 그럼 이진법 수란 뭘까? 우리가 일반적으로 쓰는 수는 모두 십진법 수이며, 10이 되면 한 자리가 올라가는데 0, 1, 2, 3, 4, 5, 6, 7, 8, 9로 구성된다. 이진법 수는 2가 되면 한 자리가 올라가는데 이 수는 0, 1의 2개의 수만 가지고 있다. 예를 들어 '10'은 2를 나타내기 때문에 '10'은 십진법 수로 10이 아니라 2가 된다는 점에 주의해야 한다. [표 4-8]은 1에서 31까지의 십진법 수 대 이진법 수의 대조표이다.

십진법 수	0	1	2	3	4	5	6	7	8	9	10
이진법 수	0	1	10	11	100	101	110	111	1000	1001	1010

십진법 수	11	12	13	14	15	16	17
이진법 수	1011	1100	1101	1110	1111	10000	10001

십진법 수	18	19	20	21	22	23	24
이진법 수	10010	10011	10100	10101	10110	10111	11000

십진법 수	25	26	27	28	29	30	31
이진법 수	11001	11010	11011	11100	11101	11110	11111

[표 4-8]

위 표에서 다음을 확인할 수 있다.

십진법 수	1	10	100	1000	10000	……
이진법 수	1	2	4	8	16	……
	(2^0)	(2^1)	(2^2)	(2^3)	(2^4)	

즉, 이진법 수를 십진법 수로 바꾸는 것은 매우 편리하다. 예를 들어, 10111=100+100+10+1은 십진법 수로 나타내면 16+4+2+1=23이다. 또 111010=100000+10000+1000+10이면 십진법 수로 32+16+8+2=58이 된다. 거꾸로, 어떻게 하

면 십진법 수를 이진법 수로 바꿀 수 있을까? 그것은 위의 계산식을 거꾸로 생각하면 된다. 즉, 십진법 수 하나를 1, 2, 4, 8, 16, 32, 64…의 합으로 나타낸다.

예를 들어 47은 32+8+4+2+1로 나타낼 수 있기 때문에 47은 이진법 수로 100000+1000+100+10+1=10111이다. 예를 들어 163은 128+32+2+1이므로 이진법 수에서는 10000000+100000+10+1=10100011이다.

이제 나이표 작성과 이를 활용해 어떻게 나이를 맞출 수 있는지 짐작할 수 있다. 나이표의 수는 모두 이진법 형식으로 놓여 있다. 예를 들어 1의 이진법 수가 1이므로 [표 4-3]에 넣는다. 5의 이진법 수는 101이므로 [표 4-3]과 [표 4-5]에 넣는다. 21의 이진법 수는 10101이므로 [표 4-3], [표 4-5], [표 4-7]에 넣는다. 31의 이진수는 11111이므로 5개의 표에 모두 31이 있어야 한다. 만약 여러분이 [표 4-3], [표 4-5], [표 4-7]에 자신의 나이가 있다고 알려주었다면, 여러분은 실제로 나에게 자신의 나이가 10101이라고 알려준 것이다. 그러므로 당신의 나이는 이 3장의 표 중에서 첫 번째 수를 더한 것으로 16+4+1=21세이다.

만약 31보다 큰 수를 맞추려면, 이 5장의 표로는 부족하므로 표를 추가해야 한다. 우리는 한 장의 표를 추가하여 100,000(32)에서 111111(63)로 최대 63세까지 예측할 수 있다. 이진법 수에는 0, 1 두 개의 수만 있기 때문에 두 가지 상반된 상태로 표시할 수 있다[그림 4-2]. 그러므로 컴퓨터에서는 일반적으로 모두 이진법 수를 사용한다.

[그림 4-2]

저울추 문제

　5개의 저울추(무게는 정수 g)를 이용하여 저울에 1~121g의 무게를 달 수 있을까? 만약 가능하다면, 이 5개의 저울추는 몇 g이어야 할까?

　1g, 3g, 9g, 27g, 81g의 5개 저울추로 1~121g의 물건을 저울에 달 수 있다. 1g인 물건의 무게를 다는 것은 분명하다. 2g의 물건은 물건을 넣은 접시에 1g의 저울추를 놓고 다른 하나의 접시에 3g을 담으면 3-1=2g이 된다. 3g짜리 물건도 당연하다. 4g인 물건은 1g과 3g 두 개의 저울추로 나타낼 수 있다.
　5g의 물건에 대해서는 물건을 넣은 접시에 1g과 3g의 저울추 2개를 넣고, 다른 접시에는 9g의 저울추를 넣을 수 있으므로 9-3-1=5g이다.
　이와 같은 방법으로 계속 생각해 보면 임의의 정수는 1, 3, 3^2, 3^3, 3^4, …와 같은 수의 합으로 표시할 수 있다는 것을 알 수 있다. 이 문제는 삼진법 수와 관련된 것으로, 다음과 같다.

　　$82 = 3^4 + 3^0 = 81 + 1$
　　$83 = 3^4 + 3 - 3^0 = 81 + 3 - 1$

$84 = 3^4 + 3 = 81 + 3$

$85 = 3^4 + 3 + 3^0 = 81 + 3 + 1$

......

$95 = 3^4 + 3^3 - 3^2 - 3 - 3^0 = 81 + 27 - 9 - 3 - 1$

......

$100 = 3^4 + 3^3 - 3^2 + 3^0 = 81 + 27 - 9 + 1$

요세푸스 문제

17세기경에 유명했던 흥미로운 문제를 소개한다.

기독교도 15명과 이교도 15명이 한 배를 타고 항해를 하던 중, 풍랑이 거세게 일어 위험천만한 상황이 되었다. 선장은 전체 30명 중 절반의 인원으로 줄여야 남은 사람이라도 살 수 있다고 전했다. 절반은 어쩔 수 없이 바다로 뛰어들어야 하는 상황이 되었다. 모든 승객은 선장의 요구에 찬성하였고 30명 중에 호명되는 사람부터 한 사람씩 앞으로 나갔다. 9명의 무리가 될 때까지 기다렸다가 그들을 바다에 빠뜨린 후 다시 계속 세어 15명의 승객만 남을 때까지 계속하였다.

배에 타고 있던 기독교인들은 어떻게 하면 이교도들을 바다에 빠뜨릴 수 있을지 고민했다. 여기에서 우리는 종교적 색채를 버리고 수학문제의 관점에서 접근하려고 한다. 이는 요세푸스 ^{Josephus problem} 문제라고 하며 어떤 사람은 이 문제의 해법을 다음 시구에 숨겨놓았다고 한다.

From number's aid and art,

Never will fame depart.

이 시의 모음^{母音}을 순서대로 쓰면, o, u, e, a, i, a, a, e, e, e, i, a, e, e, a이다. 우리는 a, e, i, o, u를 각각 1, 2, 3, 4, 5로 쓰면 일련의 수열을 얻을 수 있다. 그리고 수에 번갈아가며 ○ 표시를 하고 ○ 표시가 없는 수는 곧 이교도의 수를 나타낸다.

④5②1③1①2②3①2②1

따라서 원하는 해법은 기독교인 4명, 이교도 5명, 기독교인 2명, 이교도 1명, 기독교인 3명, 이교도 1명, 기독교인 1명, 이교도 2명, 기독교인 2명, 이교도 3명, 기독교인 1명, 이교도 2명, 기독교도 2명, 마지막 이교도 1명이다.

시구는 우리에게 답만 주었을 뿐인데, 왜 요세푸스라는 이름이 붙여졌을까?

전해 내려오는 이야기에 의하면. 고대 로마인들이 요타파타를 포위 공격할 때, 유명한 역사학자 요세푸스Josephus는 다른 무리의 사람들과 함께 한 동굴 속에 숨어 있었다고 한다. 식량이 떨어지자, 모두 한 무리의 사람들을 죽이고 남은 사람들을 보호하기로 결정하였다. 그러자 요세푸스는 이와 같은 방법을 써서 은연중에 자신의 무리들을 유리한 위치에 배치하였고 그들이 살아날 수 있도록 도왔다. 죽은 사람은 신의 배열이라 생각하고 기꺼이 응했는데 사실은 의도를 가지고 교묘하게 배열된 것이라니 잔혹하게도 느껴진다.

알고리즘과 프로그램

    수학자는 항상 자신의 성과를 두 가지 형식으로 표현한다. 하나는 '공식'이다. 예로 일원 이차방정식의 근의 공식은 학창 시절 비교적 많이 접하는 공식 중의 하나이다. 다른 하나는 '문제 해결법'이다. 우리는 이런 방법을 알고리즘이라고 하는데 중·고등학교 때 관련 내용은 비교적 적게 접하는 편이다. 그러나 컴퓨터의 발전에 따라 계산법이 공식보다 더 중요하게 여겨진다.

    지금은 알고리즘의 기본 원리를 이해해야 하는 시대다. 사실 알고리즘이 최근에 생겨난 것은 아니다. 일찍이 유클리드 시대에는 두 정수의 최대공약수를 구하는 유클리드 호제법이 있었다. 유클리드 호제법은 알고리즘이지, 공식이 아니다.

    예를 들어, 134와 102의 최대공약수를 구해보자.

    우선 134를 102로 나누면 몫이 1이고 나머지가 32이므로 이를 식으로 다시 나타내면

$$134 = 1 \times 102 + 32 \qquad (1)$$

102를 32로 나누면 몫이 3이고 나머지가 6이므로

$$102 = 3 \times 32 + 6 \qquad (2)$$

32를 6으로 나누면 몫이 5이고 나머지가 2이므로

$$32 = 5 \times 6 + 2 \qquad\qquad (3)$$

6을 2로 나누면 몫이 3이고 나머지가 0 즉, 나누어떨어지므로

$$6 = 3 \times 2 + 0 \qquad\qquad (4)$$

(4)에서 2가 6의 약수이므로 (3)에서 2는 반드시 32의 약수이다. 또한 (2)에서 알 수 있듯이 2는 102의 약수이고 마지막으로 (1)에서 2는 134의 약수임을 알 수 있다. 따라서 2는 102와 134의 공약수이며 2는 두 수의 최대 공약수임을 증명할 수 있다.

이를 하나로 표현하면 다음과 같다.

①—1	134	102	3—②
	102	96	
	32	6	
③—5	30	6	3—④
	2	0	

이 방법은 규칙적이며 유한번의 단계를 거쳐 두 수의 최대공약수를 구할 수 있다. 이것이 바로 알고리즘이다. 알고리즘은 공식처럼 그렇게 예쁘지는 않다. 하지만 어떤 문제는 공식이 있더라도 공식이 너무 복잡해서 사람들은 차라리 공식보다 알고리즘을 사용하는 것이 낫다고 생각하는 경우도 있다. 예를 들면,

일원삼차방정식에도 근의 공식 즉, 유명한 카르다노 공식이 있다. 역사상 이 공식은 일찍이 발명권에 관한 중대한 분쟁을 일으킨 적이 있다. 하지만 일원삼차방정식의 근의 공식은 매우 복잡하여 이 공식을 굳이 쓰고 싶어 하는 사람은 없다. 차라리 방정식의 근사해법을 이용하는 것이 낫다고 여긴다. 이는 해법과 유사한 것으로 모두 알고리즘으로 분류된다. 알고리즘은 반복 조작할 수 있는 '프로그램'으로 발전할 수 있다. 이는 이미 컴퓨터 과학에서 매우 보편적으로 사용되었다.

하나의 예를 보자. 두 명의 아이와 한 무리의 병사들이 강의 남쪽 기슭에 함께 있다고 하자. 강에는 작은 배 한 척만 있다. 작은 배는 용량이 제한되어 매번 어른 한 명이나 아이 두 명만 태울 수 있다. 두 아이가 병사들을 도와 강을 건널 수 있을까?

해법 : 두 아이가 먼저 배를 저어 강을 건넌다. 그런 후에 한 아이가 배를 저어 남쪽으로 돌아간다. 이때 병사 한 명이 배를 타고 강을 건널 수 있고, 빈 배는 다른 아이가 저어올 수 있다. 두 아이가 다시 강을 건너고 한 명이 돌아온 후에 병사 한 명이 강을 건너고, 다른 한 아이는 남쪽으로 돌아간다. 결국, 두 아이는 병사를 도와 강을 건넌다. 이런 알고리즘을 [그림 4-3]처럼 순서도로 만들 수 있다.

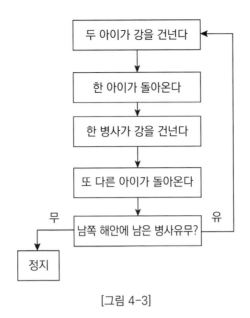

[그림 4-3]

　기하학적 정리의 증명에는 일정한 패턴이 없고, 유연하다는 것을 안다. 컴퓨터 증명은 바로 알고리즘을 이용하는 것으로 점과 직선 사이의 위치관계, 도량관계를 계산으로 바꾸어 유연한 증명을 기계적, 고정적인 계산으로 변화시켜 패턴화하는 것이다.

물 1리터를 위해

학교의 작은 농장에서 소홍과 소란이 분주히 움직이고 있다.

"소란아, 이 농약을 사용하려면 물 1리터가 필요해."라며 소홍이 말했다.

"물을 길러 올게." 소란은 말이 끝나자마자 발걸음을 옮겼다. 그녀는 두어 걸음 가더니 갑자기 멈추었다.

"아! 오늘은 일요일인데, 어디 가서 저울을 찾지?"

잠시 후, 소홍이 갑자기 입을 열었다.

"걱정마! 봐, 여기 작은 통 하나와 빈 캔 하나가 있어. 작은 통에 8리터의 물을 담을 수 있고, 캔 하나에 5리터의 물을 담을 수 있으니 이것을 이리저리 이용하면 물 1리터를 잴 수 있을 거야!"

"맞아! 함께 힘을 합쳐보자."

두 명은 한참을 궁리하더니, 마침내 임무를 완성했다.

여러분은 어떻게 물 1리터를 쟀는지 눈치챘는가? 문제를 다시 살펴보자. 작은 통에 물을 8리터, 캔 하나에 5리터의 물을 담을 수 있으며 물은 강에서 얻을 수 있는데, 어떻게 이 두 용기를 이용하여 1리터의 물을 잴 수 있을까?

방법은 다음과 같다[표 4-9].

작은 통	캔
8	0
3	5
3	0
0	3
8	3
6	5
6	0
1	5

[표 4-9]

1단계 : 작은 통에 물을 가득 채운다.

2단계 : 작은 통의 물을 캔에 가득 붓는다.

3단계 : 캔의 물을 모두 쏟아낸다.

4단계 : 작은 통에 남은 물을 모두 캔에 붓는다.

5단계 : 작은 통에 물을 다시 가득 채운다.

6단계 : 작은 통의 물을 캔에 가득 붓는다.

7단계 : 캔의 물을 모두 쏟아낸다.

8단계 : 작은 통의 물을 캔에 가득 채우면 작은 통에 물 1리터를 얻는다.

여기까지 계산에서 여러분은 거꾸로 가는 과정이 나눗셈을 두 번 한 것이라는 것을 발견하였을까? 자, 함께 보자! 1단계에서 3단계까지 8 나누기 5는 몫이 1, 나머지가 3으로 나타낼 수 있다. 이 값은 캔의 물 5리터를 쏟아 버리고 3리터의 물이 남았다는 것을 의미한다. 4단계 남은 물을 모두 캔에 붓는다. 5단계, 작은 통에 다시 물을 채우므로 두 용기에 물이 8+3=11리터가 들어있다. 6단계에서 7단계까지 또 11 나누기 5는 몫이 2, 나머지가 1이 되었다. 물 5리터를 두 번 쏟아부었더니 나머지가 정확히 1리터가 된 것이다.

우리는 이렇게 문제를 푸는 규칙을 찾아냈다. 작은 용기의 부피로 큰 용기의 부피를 나누고 남은 수가 문제의 뜻에 맞는지 살펴본다. 맞지 않으면 큰 용기에 물을 다시 채워 작은 용기의 부피로 나눈 후 문제의 뜻에 맞는 나머지를 찾는다.

이 결과가 믿기지 않는다면 우리는 또 다른 문제로 증명할 수 있다.

항아리에 많은 물을 채울 수 있는데 큰 용기에 35리터의 물을 담을 수 있고, 작은 용기에 8리터의 물을 담을 수 있다고 한다. 이때 어떻게 두 개의 용기를 이용하여 1리터의 물을 퍼낼 수 있을까?

이 문제의 답은

$$35 \div 8 = 4 \cdots 3$$

(큰 용기에 8리터의 물을 4번 붓고 3리터를 남기고
작은 용기에 붓는다.)

$$3 + 35 = 38$$

(큰 용기에 물을 채우면 큰 용기와 작은 용기에
모두 38리터의 물이 있다.)

$$38 \div 8 = 4 \cdots 6$$

(38리터에서 8리터의 물을 4번 붓고 6리터를 남기고
작은 용기에 붓는다.)

$$6 + 35 = 41$$

(큰 용기에 물을 다시 채우면 큰 용기의 물은 모두 41리터이다.)

$$41 \div 8 = 5 \cdots 1$$

(41리터의 물에서 8리터의 물을 다섯 번 쏟으면 1리터가 남는다.)

이 몇 개의 계산식을 종합하면, 큰 용기로 물을 세 번 떠서 작은 용기에서 13번의 물을 붓고 마지막에는 1리터의 물이 남는다.

$$35 \times 3 \div 8 = 13 \cdots 1$$

이런 문제에 대해 우리가 지금 쓰는 방법은 실험적인 성격을 띠고 있다. 수학에서 쓸 수 있는 완전한 방법이 있지만, 이 두 문제에서 두 용기의 부피는 서로소라는 점에 주의해야 한다. 즉, 두 용기의 부피가 서로소인 정수라면 반드시 두 용기를 이용하여 1리터의 물을 퍼낼 수 있고, 만약 두 용기의 부피가 서로소가 아니라면 나머지가 0이 되어 1리터의 물을 얻을 수 없다.

유추법의 기발한 효과

우선 다음의 유명한 문제를 보자.

한 농부가 계란 한 바구니를 시장에 가져갔더니 얼마 되지 않아 다 팔렸다.

"계란을 얼마나 팔았어요?"라며 이웃이 물었다. 이에 농부는 이렇게 대답하였다.

"계란을 사러 4명의 손님이 왔어요. 첫 번째 손님은 모든 계란의 절반을 사고, 두 번째 손님은 나머지 계란의 절반을 사고, 세 번째 손님은 나머지 계란의 절반을 사고, 네 번째 손님도 나머지 계란의 절반을 샀는데 이때 공교롭게도 바구니의 계란이 다 떨어졌죠."

질문 : 농부가 원래 가지고 있던 계란은 모두 몇 개인가?

방정식을 배우기 전에 선생님은 항상 거꾸로 계산하는 방법으로 이 문제를 풀도록 알려주었다. 네 번째 손님이 남은 계란의 절반을 구입한 후에, 바구니의 계란이 마침 다 팔렸다는 것은 이 계란 반 개가 마침 당시 바구니에서 계란 수의 절반이었음을 말해준다. 네 번째 손님이 계란을 사기 전 바구니에 달걀이 1개 있었던 셈이다. 이어 세 번째 손님을 분석해 보자. 세 번째 손님이 바구니에 있는 계란의 절반을 산 후, 바구니에 1개의 계란이 남았다는 것은 계란 1개에 반 개가 추가된 것으로 아마도 원래 계란 수의 절반일 것이다. 그래서 세 번째 손님이 계란을 사기 전에는 바구니에 계란이 3개가 있었을 것이다. 이와 비슷하게 두 번째 손님이 계란을 사기 전에는 바구니에 있어야 하는 계란의 수는

$$(3 + 0.5) \times 2 = 7(개)$$

이어야 한다. 첫 번째 손님이 계란을 사기 전, 바구니에는

$$(7 + 0.5) \times 2 = 15(개)$$

의 계란이 있어야 한다. 즉, 농부의 바구니에 원래 있던 계란의 수는 15개이다.

이런 사고법을 '역연산' 또는 '유추'라고 한다. 유추법을 이용하여 기발하게 문제가 풀리는 경우들이 종종 있다.

미국의 유명한 교양 과학 작가 마틴 가드너의 《아하! 영감이 움직인다》에 다음과 같은 문제가 제시되었다.

"밥이 앞의 큰 트럭을 쫓아 차를 몰고 있다. 트럭의 속도는 65km/h, 밥의 차는 80km/h이다. 현재 밥의 차는 트럭에서 1.5km 떨어져 있다. 밥은 헬렌에게 그가 큰 트럭을 따라잡기 1분 전에 두 차량의 거리는 얼마나 떨어져 있는지를 물었다."

이 문제는 대수적인 방법으로 계산할 수 있지만, 만약 역연산의 관점에서 생각하면 오히려 더욱 간단하게 해결할 수 있다. 트럭의 속도는 65km/h, 밥의 차는 80km/h이므로 속도 차이는 15km/h 즉, 분속 250m이다. 이 때문에 트럭을 따라잡기 1분 전 두 차량의 거리는 250m이다. 원래 문제에서 밥의 차가 트럭과 1.5km의 거리차가 있다는 조건은 불필요했다.

세 번째 예를 보자. 별의 각 교차점에 바둑알을 놓을 때, 어느 지점에서 출발하여 직선을 따라 세 개의 교차점을 세고, 세 번째 교차점에 바둑알을 하나 놓는다. 단, 첫 번째와 세 번째 교차점은 원래 바둑알이 없어야 한다[그림 4-4].

[그림 4-4]

바둑알을 최대 몇 개 놓을 수 있을까? 이 게임에서 보통의 경우 7~8개의 바둑알만 놓을 수 있다고 생각하지만, 실제로는 최대 9개의 바둑알을 둘 수 있다. 만약 바둑알을 *C*의 위치에 놓으려면, 그것은 반드시 어떤 직선을 따라 1, 2, 3의 끝점을 세어야 하며, 또한 시작점에 바둑알이 있어서는 안 된다. 예를 들어, [그림 4-5]에서와 같이 1, 2, 3을 세면 시작점은 사전에 바둑알이 없다. 따라서 반드시 C에 바둑알을 놓고 A의 경우를 고민해야 한다.

A에 바둑돌을 놓아도 1, 2, 3을 세는데 [그림 4-6]와 같이 E에 원래 바둑알이 없어야 한다. 그래서 A에 바둑알을 놓고 E의 경우를 생각해야 한다.

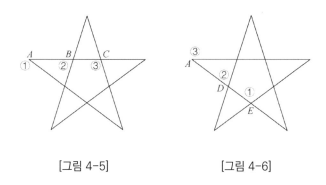

[그림 4-5]   [그림 4-6]

이와 같은 방법으로 생각하면 이 문제의 해법을 찾을 수 있다.

첫 번째 바둑알은 마음대로 둘 수 있는데 물론 1, 2, 3을 센 결과이다.

두 번째 바둑알부터 앞의 바둑알 가운데 하나를 1을 세는 데 놓아야 한다. 물론 이 또한 1, 2, 3을 센 결과이다. 즉, 앞의 바둑알의 시작점을 뒤에 오는 바둑알의 끝점으로 놓는다. 이렇게 교차시키면 최대 개수로 둘 수 있다.

네 번째 예를 보자. 어느 부대의 병사는 모두 11명으로 그중 노병사는 6명, 신참은 5명인데 모두 봉쇄선을 통과해야 한다. 절반의 병사는 일렬로 행진해야 하는데 앞의 두 병사가 봉쇄선을 넘은 후, 세 번째 병사는 다시 돌아와 보고한 후, 대열의 끝으로 가서 줄을 선다. 이어 네 번째, 다섯 번째 병사가 봉쇄선을 통과하면 여섯 번째 병사가 돌아가 보고하고 대열의 끝에 선다. 봉쇄선을 통과한 후 합동작전이 성공할 수 있도록 신구병사가 교차하도록 대형을 구성해야 한다.

질문 : 이를 위해 봉쇄선을 넘기 전에 어떤 대형으로 줄을 서야 할까?

11명이 봉쇄선을 넘으려고 할 때, 3인 1조가 한 팀이 된다. 첫 번째, 두 번째, 네 번째, 다섯 번째, 일곱 번째, 여덟 번째에 있는 6명이 봉쇄선을 넘어간 후, 나머지 두 명의 병사(열 번째와 열한 번째)는 한 조가 되지 않고 보고하는 세 명과 함께 분류된다.

즉, 1단계는 봉쇄선을 넘은 6명과 남은 2명, 보고하는 3명(세 번째, 여섯 번째, 아홉 번째)으로 구성된다.

2단계는 5명이 봉쇄선을 넘는 경우로 3인 1조로 팀이 구성되며 2명이 봉쇄선을 넘고 2명이 남고 1명이 돌아간다.

3단계는 3명이 봉쇄선을 넘는데 공교롭게도 2명이 넘어가고 1명이 돌아간다.

4단계는 1명이 봉쇄선을 넘는 경우로 당연히 순조롭게 해결될 수 있다.

이제 병사들이 봉쇄선을 넘은 뒤 신구병사가 교차하는 대형으로 배치해야 한다. 따라서 노병사는 A_1, A_2, $\cdots$, A_6으로 신참은 B_1, B_2, B_3, B_4, B_5로 두면 봉쇄선을 넘은 후의 배열은 아래와 같다.

$$A_1, B_1, A_2, B_2, A_3, B_3, A_4, B_4, A_5, B_5, A_6 \qquad (1)$$

위의 단계를 4단계부터 거꾸로 짚어보자. 4단계는 1명의 병사가 봉쇄선을 넘기 때문에 당연히 (1)의 끝에 위치한다. 따라서 4단계에서 봉쇄선을 넘은 병사는 분명히 A_6이다.

3단계에서는 2명이 봉쇄선을 통과해야 한다. 앞의 두 사람은 봉쇄선을 넘고 세 번째 병사는 돌아간다. 돌아간 사람은 A_6이므로 앞의 두 명은 반드시 (1)의 끝에서 세 번째, 두 번째, 즉 A_5, B_5이기 때문에 3단계에서 봉쇄선에 있는 사람은 아래와 같다.

$$A_5, B_5, A_6 \qquad (2)$$

2단계에서 5명이 봉쇄선을 넘어야 한다. 앞의 두 사람은 ((1)의 끝에서 다섯 번째, 네 번째 사람, 즉 A_4, B_4) 봉쇄선을 넘고 세 번째 사람은 돌아가서 남은 두 사람 뒤에 선다.

(2)의 앞 2명은 남고 마지막 1명은 돌아가는데 바로 A_6으로 대형의 세 번째 위치에 있어야 한다는 것을 알 수 있다. 즉, 2단계 대형은 아래와 같다.

$$A_4,\ B_4,\ A_6,\ A_5,\ B_5 \qquad\qquad (3)$$

1단계에서 11명이 봉쇄선을 넘기 위해 대기하고 있다. 봉쇄선을 넘은 6명 A_1과 B_1, A_2와 B_2, A_3과 B_3이다. 돌아간 3명은 남은 2명의 뒤에 있어야 하기 때문에 (3)에서 A_6, A_5, B_5는 1단계에서 돌아간 병사다. 따라서 병사들의 대형은

$$A_1,\ B_1,\ A_6,\ A_2,\ B_2,\ A_5,\ A_3,\ B_3,\ B_5,\ A_4,\ B_4$$

가 되어야 한다. 즉, 신구병사는 반드시 다음과 같이 배치해야 한다.

구, 신, 구, 구, 신, 구, 구, 신, 신, 구, 신

최근 몇 년 동안의 시험에서 선택 문제가 유행하였다. 선택 문제란, 몇 개의 선택지 중에서 하나를 고르는 것이다. 이러한 선택 문제에 대해 우리는 주로 '배제법'을 사용한다. 즉, 요구에 부합하지 않는 몇 개의 선택지를 빼버리면 나머지 하나는 많이 고려할 필요가 없다.

이러한 사고법은 중요하며, 수학에서도 상용한다. 이런 방법의 특징은 총체적인 범위에서 요구에 부합하지 않는 부분을 빼서 요구에 부합하는 부분을 구하는 것이다.

이것은 농부들이 체를 가지고 체 속의 먼지와 고운 모래를 쳐내고 남은 낟알을 고르는 방법과 같다. 그래서 이런 방법을 '체'로 통칭할 수 있다. 일찍이 고대 그리스 시대 수학자들이 체를 이용한 예가 있다.

약 기원전 200년, 에라토스테네스는 체를 처음 만들고 응용해 최초로 소수표를 만들었다. 먼저 1에서 100까지의 정수를 나열한다. 그런 후에 체로 합성수와 1을 걸러내면 남는 것이 소수이다. 1을 체로 빼면 문제가 없지만, 합성수는 어떻게 체로 걸러낼 수 있을까? 합성수는 2의 배수, 3의 배수, 5의 배수 등이므로 그것들을 하나하나 걸러내면 된다.

그런데 언제까지 계속해야 할까? 100 이내의 합성수를 고려했을 때 n은 항상 두 정수의 곱으로 분해될 수 있다. 그리고 이 두 정수 중 적어도 하나는 10보다 크지 않다(만약 두 정수가 10보다 크면, 그 곱은 100보다 크다). 즉, 100 이내의 합성수는 항상 2, 3, 5, 혹은 7의 배수이므로 무한정 걸러낼 필요가 없다.

	2	3	4	5	6	7	8	9	10
11	12	13	14	15	16	17	18	19	20
21	22	23	24	25	26	27	28	29	30
31	32	33	34	35	36	37	38	39	40
41	42	43	44	45	46	47	48	49	50
51	52	53	54	55	56	57	58	59	60
61	62	63	64	65	66	67	68	69	70
71	72	73	74	75	76	77	78	79	80
81	82	83	84	85	86	87	88	89	90
91	92	93	94	95	96	97	98	99	100

[표 4-10]

[표 4-10]에서 1은 표에 쓰여 있지 않다. '／'로 2의 배수를 지우고, '＼'로 3의 배수를 지우고, '○'로 5의 배수, '□'로 7의 배수를 지운다. 이 과정에서 남은 수는 100 이내의 소수이다.

따라서 1과 100 사이의 소수는 모두 25개로 2, 3, 5, 7, 11, 13, 17, 19, 23, 29, 31, 37, 41, 43, 47, 53, 59, 61, 67, 71, 73, 79, 83, 89, 97이다.

주목할 만한 것은 표에서 몇몇 수는 2의 배수일 뿐만 아니라 3의 배수, 심지어 5, 7의 배수라는 것이다. 이런 수는 한 번만으로 걸러진다. 선별을 더욱 빠르고 간편하게 하기 위해서 수학자들은 체에 걸러내는 방법에 대해 많은 연구와 개선을 하였다. 선별된 소수를 두고 말한다면, 1920년대에는 새로운 체법이 잇따라 출현하여 에라토스테네스의 체를 이미 훨씬 높은 수준으로 뛰어넘었다.

체는 또 다른 수학 문제에 응용되었는데, 중국 수학자 진경윤은 골드바흐의 추측을 연구할 때 '체' 방법을 사용했으며, 또한 '체' 기법을 창조적으로 응용하는 모범으로 인정받았다.

비밀번호 재설정

비밀번호에 대한 농담

비밀번호에 대한 농담으로 두 가지를 이야기하려고 한다.

'큰 입'은 휴대전화로 '002291, 000524, 002467, 002582'라는 문자를 받았다. 그리고 이 문제를 '작은 눈'이 몰래 보았다. '작은 눈'은 한눈에 이것이 주식 코드라는 것을 알고, 속으로 깊이 생각했다. '누가 그녀에게 주식을 추천했을까?' 그래서 그는 이와 상응하는 주식 이름을 다음과 같이 찾아냈다.

002291 : 포산토요제화회사

000524 : 동방호텔

002467 : 263인터넷통신주식회사

002582 : 당신이 보고 싶은 회사

'작은 눈'은 K노선도를 보면서 이 몇 개 주식은 별로 좋지 않다고 여겼다. 기본적인 것만 조사해도 이 회사들은 큰 실적이 없었다. 그는 한참 동안 반복해서 생각하며 '토요일, 동방호텔, 263, 보고 싶다…'라고 중얼거렸다. 그런데 갑자기 이것이 비밀번호라는 것을 깨달았다.

'그래! 큰 입은 누구와 데이트를 하려는 것이야.'

공개된 비밀번호

비밀번호는 말 그대로 비밀인데 어떻게 해독이 가능할까? 현대 통신전문가들이 암호키의 공개적인 암호화 체계를 고안한 것은 사실이다. 이는 디피와 헤르만이 1976년에 먼저 제안한 것으로, 지금까지 불과 몇십 년밖에 되지 않았다. 이러한 공개 키 암호 체계의 기본 사고는 다음과 같다.

모든 통신사는 암호키와 해제키를 가지고 있다. 암호키는 공개적이며 암호 해제키는 엄격하게 비밀에 부쳐져 있고 소유자 본인만이 알 수 있다. 만약 갑이 을에게 메시지 P를 보내려면, 갑은 먼저 공개된 암호키에서 을의 암호키 f를 찾아야 한다.

그런 후에 메시지 P를 암호화 $f(P)$하여 을에게 보낸다. 을은 암호화된 문서 $f(P)$를 받은 후, 자신만이 알고 있는 암호 해제키를 사용하여 암호화된 문서를 원래 메시지 P로 바꾼다.

전통적인 암호학에서 암호키가 제3자에 의해 파악되면 암호 해제키도 바로 알려지게 된다. 그러나 암호키와 암호 해제키는 무관하며 암호키를 알더라도 암호키를 해제할 수 없다. 현재 사용되고 있는 공개키의 암호 체계는 두 가지가 있는데 '배낭식'과

'RSA식'이다.

1977년 머클러는 헤르만과 함께 배낭 알고리즘을 설계했다. 이 알고리즘은 이후 암호계에 적용되어 다양한 배낭형 암호화 알고리즘을 형성하였다. 배낭형 암호 체계는 수학에서의 배낭 문제와도 관련이 있다.

이른바 '배낭 문제'란, 여행자의 배낭 부피가 M일 때, 어떤 물건 즉, 부피가 각각 a_1, a_2, $\cdots$, a_n인 모든 물건을 배낭에 다 넣을 수 없으니, 이 중 어떤 물건들을 골라 배낭에 넣어야 하며, 어떻게 골라야 배낭을 빈틈없이 넣을 수 있을까, 하는 것이다. 사람들은 지금까지 일반적인 배낭 문제의 완전한 해법을 찾지 못했지만, 간단한 유형은 비교적 쉽게 해결된다. 예를 들어, 배낭의 부피가 14, 물건의 부피 $a_1=1$, $a_2=3$, $a_3=5$, $a_4=10$, $a_5=21$이라면 a_1, a_2, a_4 세 가지를 골라 배낭에 담으면 된다. 만약 고른 물건을 1, 고르지 않은 물건을 0이라고 기록한다면, 순서대로 11010을 얻을 수 있는데, 이런 이진법 수는 바로 이 배낭 문제의 해답이 된다.

11010은 $a=1$, $a_2=3$, $a_3=5$, $a_4=10$, $a_5=21$을 서로 곱한 후, 서로 더한 결과로 14가 된다. 이 과정은 암호화되어 있다고 볼 수 있고 얻은 결과 14는 암호화 메시지로 볼 수 있다. 만약 제3

자가 암호화 메시지 14를 가로챘다면, a_1, a_2, ···, a_5의 한 해를 알았을 것이다.

그러면 11010이라는 이진법 수(명문)를 금방 구할 수 있기 때문에 이런 방식의 암호화 방법은 아무런 가치가 없다. 이를 위해 암호 전문가는 이런 기초 위에 약간의 조작을 하였다. 예를 들면, 위의 a_1, a_2, ···, a_5의 각 수에 모두 7을 곱한 후 모두 더한다. 또는 만약 45보다 크면 다시 45로 나누어 나머지를 취한다.

이때 얻을 수 있는 값은 각각 b_1=7, b_2=21, b_3=35, b_4=25, b_5=12이다. 그리고 명문 11010의 1과 0을 각각 b_1, b_2, ···, b_5에 곱하고 서로 더한 결과는 53(암호화 메시지)이다.

이렇게 되면 b_1, b_2, ···, b_5는 암호키가 되며 이는 공개키이다. 설령 제3자가 암호화 메시지를 찾아내더라도 b_1, b_2, ···, b_5는 여전히 명문 11010을 구하기 어렵다. 이것은 난해한 일반적인 '배낭 문제'이기 때문이다. 하지만 수신자 을은 자신만이 아는 7과 45 이 두 개(암호 해제키)를 이용하면 b_1, b_2, ···, b_5를 쉽게 a_1, a_2, ···, a_5로, 53을 M=14로 환원할 수 있다. 다시 M=14와 a_1, a_2, ···, a_5를 이용해 11010을 명문화한다.

RSA는 암호화 알고리즘의 일종이다. 1977년 로널드 리베스트, 아디 세이모어, 레너드 애드먼이 함께 제안한 RSA는 이들 세 명의 이니셜을 조합한 것이다. RSA 체계는 정수 분해에 관련된다. 지금까지는 매우 큰 정수를 소인수분해 할 수 있는 방법이 없었다. RSA 체계는 이런 점을 이용해 설계되었다.

RSA 체계의 기본 아이디어에 대해서 살펴보자.

두 개의 소수(예를 들면 육칠십 자리의 소수처럼 매우 큰 수를 취한다. 여기에서는 간단한 설명을 위해 매우 작은 수를 정하였다)를 $p=5$, $q=11$이라고 하자. 이 수를 서로 곱하면 $n=55$가 된다. 그런 다음,

$$l=(p-1)(q-1)=40$$

으로 계산한다.

l과 서로소인 수 e를 하나 정하자. 예를 들어 $e=7$이라고 하면 n과 e는 공개 암호키가 될 수 있다. 만약 발신자 갑이 수신자 을에게 3을 알려주려고 한다면, 갑은 을의 암호키 $n(=55)$, $e(=7)$를 이용하여 암호화할 수 있다. 암호화 방법은 다음과 같다.

3의 $e(=7)$제곱수를 구하고 $n(=55)$으로 나누면 나머지 42를 얻는다. 이 42가 바로 암호문이다. 을이 42를 받은 뒤 자신만이 알고 있는 암호키 $d=23$을 이용해 암호를 푼다. 암호를 해제하는 방법은 42의 $d(=23)$ 제곱수를 구하고, 이를 $n(=55)$으로 나눈 나머지는 3(원문)이다.

만약 제3자가 암호문 42를 받으면, 설령 그가 을의 암호키 n과 e를 찾아낸다고 해도, 암호를 해독할 수 없다. 암호해제를 하

기 위해 $d(=23)$를 사용하려면 d를 구해야 하기 때문에 n을 p와 g의 곱으로 분해해야 한다. n이 몇백 자리의 큰 수이므로 이를 분해하는 것도 결코 쉽지 않다. 과학자들은 큰 수의 소인수분해 문제가 수십 년 내에 해결되기 어려울 것으로 예상하기 때문에 RSA 체계는 유용하게 이용될 것으로 보인다.

패리티 검사 Parity checking ─────────

타일 깔기

　욕실 한쪽 벽에는 원래 1×1 정사각형 타일 40개[그림 4-7]가 깔려 있었지만 파손되어 다시 교체해야 한다. 안타깝게도 건축 자재 상점에는 현재 이런 정사각형 타일이 없고, 1×2의 직사각형 타일만 있다고 한다. 만약 우리가 1×2의 직사각형 타일 20개를 구입한다면, 빈틈없이 욕실 벽을 채울 수 있을까?

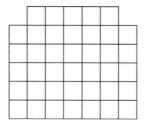

[그림 4-7]

　잠시 생각해 보면 가능할 것 같다. 원래 40개의 1×1의 정사각형 타일을 깔았던 자리에 20개의 1×2의 직사각형 타일로 다시 깔아도 면적은 같으므로 가능하다고 생각할 수 있다. 하지만 여러분이 한번 직접 해 보면 아무리 깔아도 안 된다는 것을 알게 될 것이다. 여기에는 어떤 비밀이 숨어 있을까?

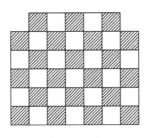

[그림 4-8]

40개의 칸을 흑백으로 한 칸씩 번갈아 색칠한다[그림 4-8]. 그러면 21칸은 흑, 19칸은 백으로 칠해진다(21칸은 백, 19칸은 흑). 또 1×2의 직사각형 타일은 항상 흑색 칸 하나와 백색 칸 하나만 덮을 수 있다. 이렇게 하면 최대 19개의 1×2 직사각형 타일만 덮을 수 있고 나머지 2칸은 흑색 칸(또는 2칸의 백색 칸)은 덮을 수 없다. 그래서 1×2의 직사각형 타일 20개를 사용하면 영원히 [그림 4-8]을 완전하게 깔 수 없다.

이 문제를 다시 곰곰이 생각해 보면 그 안에서 일반적인 성질을 발견할 수 있다. 만약 두 정수가 모두 홀수이거나 모두 짝수라면, 우리는 이 두 수가 같은 성질(홀수성질 또는 짝수성질)이 있다고 말하고, 만약 두 정수가 하나는 홀수, 다른 하나는 짝수라면, 우리는 이 두 정수가 상반되는 성질을 가지고 있다고 한다.

위의 문제에서 흑색 칸과 백색 칸은 홀수, 짝수와 같다. 우리는 같은 색의 두 칸은 같은 성질을 가지고 있고, 다른 색의 두 칸은 상반된 성질을 가지고 있다고 생각할 수 있다. 분명한 것은 1×2의 직사각형 타일은 서로 반대되는 성질을 가진 두 개의 인접한 칸만 덮을 수 있다는 것이다. 우리가 1×2의 직사각형 타일 19개를 잘 깐 후에, 나머지 두 개의 격자를 1×2의 직사각형 타일로 깔 수 있는지는 이 두 칸의 성질에 달려 있다. 남은 두 개의 흑색 칸은 같은 성질을 가지고 있기 때문에 1×2의 직사각형 타일은 어떻게 해도 깔 수 없다.

이처럼 그 성질^{Parity}로 문제를 분석, 판단하는 사고 방법을 '패리티 검사$^{Parity\ checking}$'라고 한다. 1957년 물리학자 양전닝이 '우주대칭보존법칙'을 뒤집은 공로로 노벨물리학상을 받은 연구에도 이런 방법이 반영되었다.

수학 마술

어느 한 마술사가 이런 마술을 선보였다. 먼저 마술사가 탁자 위에 1원짜리 동전 한 줌을 던졌다. 그런 후에 그는 돌아서서 관중에게 동전을 하나씩 뒤집게 한 후, 다시 한 손으로 동전 하나를 덮었다. 이때 마술사는 몸을 돌려 손바닥으로 덮고 있는 동전이 앞면인지, 뒷면인지를 말할 수 있다.

이 마술은 어떻게 가능한 걸까? 원래 마술사는 동전을 던진 후, 재빠르게 앞면인 동전의 개수가 홀수인지 짝수인지를 세어 보았다(또는 홀수라고 가정해도 무방하다). 우리는 동전이 앞면이 홀수 개일 때, 홀수 상황이라고 하고, 짝수 개일 때를 짝수 상황이라고 하자. 우리가 하나씩 동전을 뒤집을 때 홀수 상황은 여전히 홀수 상황으로, 짝수 상황은 여전히 짝수 상황으로 남아 있다는 것을 어렵지 않게 알 수 있다. 그래서 마술사가 몸을 돌릴 때 관객의 손바닥 밖으로 나온 동전이 홀수인지 짝수인지 세어보면 된다. 홀수라면 관중 손바닥 아래 동전이 앞면이고 짝수라면 뒷면이 나온다는 뜻이다.

동전의 앞면이 나오는 개수가 구체적으로 몇 개인지 알 필요도 없고 관중이 몇 쌍의 동전을 뒤집었는지 알아낼 필요도 없다. 요컨대, 여기서는 구체적인 계산과 숫자를 버리고 단지 앞면이 나오는 동전의 개수가 홀수인지 짝수인지 즉, 그 성질에만 관심을 두면 빨리 판단할 수 있다.

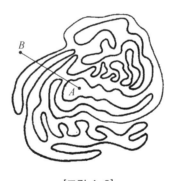

[그림 4-9]

또 다른 수학 마술도 흥미롭다. 굴곡진 폐곡선에서 폐곡선과 만나지 않는 내부의 점에서 선을 하나 그어보자. 나는 이 점이 폐곡선 안에 있는지 아니면 폐쇄곡선 밖에 있는지 빠르게 말할 수 있다[그림 4-9]. 곡선이 굽어 돌아가는 모양이므로 이런 상황에서 판단을 빨리 내리는 것은 쉽지 않다.

[그림 4-9]의 점 A가 폐곡선 내부에 있는지, 외부에 있는지 어떻게 빨리 판단할 수 있을까? 우리는 먼저 폐곡선 밖에 점 B를 그리고 AB를 연결한다. 그런 후에 AB와 곡선이 몇 개의 교점이 생기는지 세어볼 수 있다. 교점의 수가 홀수라면 점 A는 폐곡선의 내부에 있고 그 수가 짝수라면 점 A는 폐곡선 외부에 있다는 것을 의미한다. [그림 4-9]에서 점 A는 곡선과 5개의 점에서 만나므로 A는 폐곡선 내부의 점이다.

TSP 문제

1946년, 최초의 컴퓨터가 탄생했다. 이 발명은 실로 대단했는데 단면적 170㎡, 총중량 30톤, 소모 전력은 약 140kw였다. 이후 1981년, 컴퓨터는 35세의 나이로 비록 나이가 많은 편은 아니었지만 구닥다리가 되었다. 미국 펜실베니아주는 세계 최초의 컴퓨터 탄생 35주년을 기념하기 위해 이 컴퓨터와 당시 몇 달러에 불과했던 휴대용 계산기와의 시합을 벌이는 이색적인 축제를 열었다. 그 결과, 휴대용 계산기가 전승을 거두었다.

당시 컴퓨터의 속도는 매초에 5,000회의 덧셈을 작동시켰는데, 오늘날의 컴퓨터 속도는 매초에 몇억 번의 덧셈을 운행한다. 어떤 사람은 "이렇게 빠른데 계산에 더 이상의 어려움이 있을까요?"라며 반문한다. 물론 프로그램을 잘 만든 경우는 그렇다.

'여행하는 외판원 문제TSP, Travelling Salesman Problem'를 보자. 외판원이 어느 지역의 n개의 마을을 돌아다니려면 노선을 어떻게 설계하는 것이 거리가 가장 짧을까? 이 문제는 보기에는 무난해 보이지만 크고 작은 길이 n개 마을을 연결하기 때문에, 외판원은 다양한 경로를 따라 n개 마을을 두루 돌아볼 수 있고 이 중에서 가장 짧은 노선을 하나 선택해야 한다.

이 문제의 해법을 함께 살펴보자. 각 노선의 길이를 모두 계산해내어 비교해 보면 가장 짧은 노선을 찾을 수 있지 않을까? 그렇다. 하지만 마을의 수가 적을 때 이런 알고리즘이 가능하다. 만약 마을 수가 많다면 계산하기가 얼마나 복잡할지는 상상하기도 어렵다.

외판원이 n개 마을 중 어느 마을에서 출발한다고 가정할 때 그는 임의로 어느 마을을 하나 정할 수 있으므로 두 번째 마을을 가는 경우의 수는 $(n-1)$가지이다. 두 번째 마을을 정한 후, 세 번째 마을을 가는 경우의 수는 $(n-2)$가지, …, 이런 식으로 n번째 마을을 가는 경우의 수까지 모든 경우의 수를 구하면

$$(n-1)(n-2)\cdots2\times1=(n-1)!$$

가지이다. $(n-1)!$은 얼마나 클까? $n=10$이라면,

$$n^2=10^2=100$$
$$n^5=10^5=100000$$
$$n!=10!=3628800$$

$n=20$이면,

$$n^2=20^2=400$$
$$n^5=20^5=32\times10^5$$
$$n!=20!\fallingdotseq2.4\times10^{18}$$

n=30이면,

$$n^2 = 30^2 = 900$$

$$n^5 = 30^5 = 2.43 \times 10^7$$

$$n! = 30! \fallingdotseq 2.6 \times 10^{32}$$

n이 크면, n^2, n^5도 크고 n!은 훨씬 더 큰 수가 된다. 만약 슈퍼컴퓨터 한 대를 가지고 있다면, 매초에 수억 번의 연산이 가능하여 답을 내야 하는 순간에 1억 번 연산 결과를 상상하기 어려울 정도로 빠르게 낼 수 있다. 우리는 이것을 30억 번 연산을 하는 것이다.

하루에 86400초, 1년에 31536000초 즉, 3.2×10^7이라고 하자. 초당 1억 번 연산하며 1년에 3.2×10^{15}번 연산을 수행할 수 있다. 2.6×10^{32}번의 연산을 하기 위해 필요한 시간은 다음과 같다.

$$(2.6 \times 10^{32}) \div (3.2 \times 10^{15})$$

$$\fallingdotseq 8.1 \times 10^{16}(\text{년})$$

우와! 슈퍼컴퓨터도 약 8억 년이 걸린다. 외판원 문제는 이런 방법으로는 해결될 수 없을 것 같다. 왜냐하면 계산이 너무 복잡하기 때문이다. 이는 계산의 복잡성에 대한 연구를 끌어냈는데,

이것은 컴퓨터 과학의 한 분야이다. 계산 횟수를 n^k(k는 상수)라고 하면 값은 반드시 산출된다. 이런 계산법이 유효하거나, 혹은 다항식의 이런 문제를 'P문제'라고 부른다. 일반적인 외판원 문제를 계산하는 것이 유의미하다고 말하기는 어렵지만 지금까지 사람들은 여전히 유효한 계산법을 찾지 못하고 있다.

물 한 방울로 바다를 본다

교사들의 회의 시간에 교장 선생님이 '00반은 학생들이 수업에 집중도 잘하고 교실이 청결하며 학생들 사이에 우애가 돈독하고 단합이 잘 되는 것으로 보아 이 반의 담임선생님이 훌륭하다는 것이 증명된다'고 하였다.

이 말에 회의에 참석한 한 교사는 마음속으로 '단지 세 가지 예로 어떻게 증명된다고 할 수 있지?'라고 생각했다. 이것은 불완전한 귀납법 아닐까?

수학에서는 예를 들어 설명하는 것을 정리에 대한 증명으로 여기지 않는다. 이는 수천 년 동안 사람들이 따라온 사유법칙이다. 그런데 중국의 저명한 수학자 홍가웨이는 1985년 수학의 정리를 예로 들어 증명하자는 견해를 내놓았다. 여러분은 아마도 이 수학자는 가짜가 아닐까, 하는 의심이 들 수도 있다. 그런데 홍 교수의 설명은 일리가 있다. 특정 조건하에서 적당한 예를 든다면 하나의 결론을 증명할 수 있다는 것이다. 흔히 '물 한 방울로 바다를 본다'는 말은 물 한 방울(예)로 바다 전체의 상황을 추정하는 '예증'이다. 예를 들면, 특정 조건하에서 전체 바다의 물은 모두 동일한 성분이다. 그러면 물 한 방울의 성분을 검사하여 전체 바다에 관한 결론을 얻을 수 있을 것이다.

만약

$$(x+1)(x-1)=x^2-1 \qquad (1)$$

을 증명하려면, 몇 가지 예를 통해 확인이 된다.

$x=0$일 때, 좌변$=-1=$우변

$x=1$일 때, 좌변$=0=$우변

$x=-1$일 때, 좌변$=0=$우변

이므로 (1)이 증명되었다.

세 값만 대입했을 뿐인데 식(1)이 항등식이라고 단정할 수 있을까? 만약 식(1)이 항등식이 아니라면 하나의 방정식으로 볼 수 있다. 이 식은 이차방정식이다. 이차방정식은 해가 2개뿐이고 우리는 3개의 값에 대해 성립함을 확인했으므로 틀림없이 항등식임을 알 수 있다. 어떤 사람은 '실제로도 이런 방법을 사용하고 있기 때문에 이런 증명이 납득이 된다'고 말할 것이다. 하지만 다음의 관점은 놀라울 수 있다.

식(1)에 대하여 세 값을 대할 필요가 없다. 단지 $x=10$을 대입해 보기만 하면 된다.

왜냐하면

$$x=10일 \text{ 때 좌}=99=우$$

이기 때문에, 식(1)은 항등식이다.

　여러분은 이렇게 단정 짓는 것에 대해 무슨 근거로 항등식이
냐며 분명히 추궁할 것이다. 사실 이 증명은 옳다. 만약 식(1)이
항등식이 아니라면, 이 식을 정리한 후에 방정식

$$ax^2+bx+c=0 \tag{2}$$

을 얻는다. 여기서 a, b, c는 정확하게 계산해 낼 수 있지만, 우
리는 고의로 예측하는 방법을 사용한다. 또한 a, b, c가 모두
정수이며 절댓값이 5를 넘지 않는다고 추정할 수 있다. $x=10$
일 때,

$$a \times 10^2+b \times 10+c=0 \tag{3}$$

　이 식을 이항하고 절댓값을 취하면

$$|100a|=|10b+c|$$

$$\leq 10|b|+|c|$$

$$\leq 55$$

이다. a는 반드시 0이므로 식(3)은 다음과 같다.

$$b \times 10+c=0 \tag{4}$$

　이 식을 다시 이항하고 절댓값을 취하면

$$|10b|=|c| \leq 5$$

$b=0$이고 c도 0이 될 수밖에 없다. 따라서 a, b, c는 모두 0이

므로 식(2)와 식(1)은 반드시 항등식이다. 이것으로부터 어떤 식이 항등식이라는 것을 증명하려면, 하나의 예를 들어도 되지만, 이 값은 충분히 커야 한다는 것을 알 수 있다.

오늘날 컴퓨터로 정리를 증명할 수 있는데, 이와 같은 증명법은 그 속에서 중요한 역할을 담당하고 있다. 예를 하나 보자.

$\sqrt{2}-1$가 3차 방정식

$$x^3+3x^2+x-1=0 \tag{5}$$

의 근임을 증명하여라.

우리는 근의 공식을 이용하여 바로 증명할 수 있지만, 컴퓨터는 이런 연산을 할 수 없다. 컴퓨터는 $\sqrt{2}-1$의 근삿값 0.414 또는 0.4142 …을 식(5)에 대입하여 검증한다. 0.414214를 식(5)의 좌변에 대입한 결과는 0.000002이다. 이때 여러분은 $\sqrt{2}-1$가 식(5)의 근이라고 할 수 있을까? 근이든 아니든 간에 이 0.000002는 계산오차일 뿐이다.

좀 더 정확하게 확인하기 위해 $x=0.4142136$을 식(5)에 대입하자. 그러면 좌변은 약 1.5×10^{-7}이다. 여전히 $\sqrt{2}-1$이 식(5)의 근인지 아닌지는 단정할 수 없다. 좀 더 정확하게 해 봤지만, 여전히 아무런 소용이 없다. 컴퓨터는 영원히 근사한 수치만 계산할 것이다. 어떻게 할까?

$\sqrt{2}-1$을 식(5)의 좌변에 대입하면

$$m-n\sqrt{2} \qquad\qquad (6)$$

와 같은 꼴을 얻는다. $0<\sqrt{2}+1<3$이므로

$$|m-n\sqrt{2}| > 0.016$$

이다. 따라서

$$|m-n\sqrt{2}| \fallingdotseq 0.000002 < 0.016$$

이다.

그러므로 식(6)은 반드시 0이다. 0.000002는 계산 오차이므로 $\sqrt{2}-1$은 방정식(5)의 근이다. 하나의 예 0.414214으로 바로 결론을 증명했으니 이것이 바로 예증법의 위력이다.

나비효과

광우병

2003년 미국의 한 농장에서 소 한 마리가 광우병에 걸린 것은 대수로운 일이 아니었다. 그러나 이 한 마리의 광우병이 다른 소에게 전염되면서 소 사육장의 전체 소가 광우병에 걸렸다. 이어 인근 소 사육장에 있던 소까지 전염됐고 이후의 판세는 걷잡을 수 없이 커졌다. 소고기는 미국인의 주요 식량원이었지만 광우병 확산에 생산지와 상관없이 소고기를 먹을 엄두를 내지 못했다.

상황이 이 지경에 이르자, 당시 총생산액이 1750억 달러에 달했던 미국 소고기 산업은 중대한 타격을 입게 되었고 축산업과 관련된 140만 명의 노동자들이 실직하게 되었다. 이어 축산업의 주요 사료 공급원인 미국의 옥수수와 대두산업도 영향을 받았다. 미국에서 옥수수와 콩은 선물거래소의 주요 상품이기 때문에 옥수수와 콩 선물가격은 대폭 하락했다. 글로벌시대에 이런 공포감은 미국 내 외식업체의 침체는 물론 전 세계로 확산돼 최소 11개국이 미국산 소고기 수입을 긴급 금지한다고 발표했다. 금융시스템과 국제무역이 모두 병이 났으니 큰일이 아닐 수 없었다.

결국 광우병은 적지 않은 경제위기를 초래했다. 사소한 작은 일 하나가 뜻밖에 세상을 놀라게 하는 큰 사건을 야기한 것이다. 실제로 이런 일은 역사적으로 여러 차례 있었다. 이와 같은 현상을 미국의 기상학자 로렌츠는 '나비효과'라고 명명하였다.

나비효과 이야기

1961년 겨울, 로렌츠는 평소와 같이 사무실에서 기상 컴퓨터를 조작했다. 평소 그가 온도, 습도, 압력 등의 기상 데이터를 입력하기만 하면 컴퓨터는 세 개의 미분방정식에 근거하여 다음 순간 가능한 기상 데이터를 계산해 기상 변화도를 시뮬레이션한다. 이날 로렌츠는 기상기록의 후속 변화를 더 잘 알고 싶어 기상 데이터를 다시 컴퓨터에 입력해 더 많은 후속 결과를 계산하게 했다.

1960년대 초, 컴퓨터는 아직 전자관 시대에 처해 있었는데, 당시의 컴퓨터는 정말 거대했기 때문에 설치를 위해서는 아주 큰 방이 필요했다. 숫자를 입력하려면 쪽지에 구멍을 뚫어야 하고, 컴퓨터로 데이터 자료를 처리하는 속도도 느렸다. 결과가 나오기 전에 그는 친구들과 함께 커피를 한 잔 마시며 한담을 나누었다. 1시간 후, 결과가 나왔는데 로렌츠는 깜짝 놀랐다. 원래 자료와 비교했을 때 초기 데이터는 비슷했지만 후반으로 갈수록 데이터 차이가 커져 상상할 수 없는 지경이 된 것이다. 이유가 무엇일까? 기계의 오작동이었을까? 아니다! 컴퓨터는 정상적으로 작동하였다. 도대체 무슨 문제일까?

검사 결과 그는 자신이 입력한 데이터가 0.000127만큼 차이가 나는 것을 발견했다. 그 차이는 아주 작은데 이 미세한 차이가 천양지차를 만들 수 있을까? 로렌츠는 오차가 지수 형태로 증가한다는 것을 알아내었다. 미미한 오차는 시간의 경과에 따라 확실히 거대한 차이를 만들 수 있다. 따라서 작업 중 데이터에 오차가 없을 수 없기 때문에 장기적으로 정확한 날씨를 예측하는 것은 불가능하다고 생각했다. 로렌츠는 이후에 이렇게 말했다.

"남미 아마존강 유역의 열대우림 속의 나비 한 마리가 날개를 몇 번 흔들면 2주 후에 미국 텍사스주에 토네이도를 일으킬 것이다."

나비가 토네이도를 일으킨다고? 듣기에 약간 과장된 말처럼 들리겠지만 이 말은 사실 일리가 있다. 나비가 날개를 흔드는 운동은 그 주변의 공기 시스템에 변화를 일으키며 약한 기류를 발생시킨다. 그러면 약한 기류는 또 사방의 공기나 기타 시스템에 상응하는 변화를 일으키기 때문에 일련의 연쇄 반응을 일으켜, 결국에는 다른 시스템에 큰 변화가 생기게 된다. 심지어 미국 텍사스주에서 토네이도가 나타나게 되는 것이다.

그가 이러한 현상을 '나비효과'라고 부르는 것은 카오스 분야에서 하나의 비유가 되었기 때문이다.

왜 이런 현상을 '잠자리효과'나 '개미효과'가 아닌 '나비효과'라고 할까? 로렌츠는 컴퓨터 프로그램을 제작해 기후 변화를 시뮬레이션하고 그림으로 표시한 결과 그림이 혼돈스럽다는 사실을 알게 되었고, 날개를 활짝 편 나비처럼 생겼다고 생각했다.

1991년 로렌츠는 교토 기초과학상을 받았다. 선정위원들은 로렌츠가 '확실성 혼돈'의 발견으로 기초과학 분야의 많은 사람에게 영향을 미쳤으며 뉴턴 이래 많은 분야에서의 자연계에 대한 인류의 인식이 새롭게 변화되었다고 평가했다. 로렌츠가 뉴턴과 어깨를 견줄 수 있다니, 이 평가는 정말 대단하다!

수학 예시

자, 이제 수학에서의 예시로 코탄젠트 수열을 보자. [표 4-11]과 같이 세 개의 수열이 있다. 각 수열의 첫째항은 각각 1, 1.00001, 1.0001이다. 이 값들의 차이는 매우 작으며, 아주 미미하다. 각 수열의 구성 규칙은 동일하다. 즉, 임의의 항은 바로 앞의 항의 코탄젠트 값으로 $a_{n+1}=\cot(a_n)$이다. 우리는 계산기로 각 수열의 제2항, 제3항,…을 쉽게 계산해낼 수 있다.

항번호	갑 수열	을 수열	병 수열
1	1	1.00001	1.0001
2	0.642092616	0.642078493	0.641951397
3	1.337253178	1.337292556	1.337647006
4	0.237883877	0.237842271	0.237467801
5	4.124136332	4.124885729	4.131642109
6	0.667027903	0.66594562	0.656236434
7	1.269957474	1.272789148	1.29854625
8	0.310255611	0.30715408	0.279182071
9	3.119060463	3.152660499	3.488344037
10	−44.37343796	90.34813006	2.767389601
11	−2.424894313	−1.056234059	−2.546431398
12	1.147785023	−0.565363802	1.476981164
13	0.45018926	−1.576175916	0.094091367
14	2.069157407	0.005379641	10.5965853
15	−0.544176342	185.8842166	0.421601998

| 16 | −1.652562399 | 1.705748261 | 2.229677257 |

[표 4-11]

시작할 때 세 개의 수열의 차이는 크지 않다. 예를 들어, '갑' 수열의 두 번째 항은 0.642092616, '을' 수열의 두 번째 항은 0.642078493, '병' 수열의 두 번째 항은 0.641951397이다. 앞의 9개의 항 차이는 정말 미미하다. 하지만 '갑' 수열의 10번 항은 44.37343796, '을' 수열의 10번 항은 90.34813006, '병' 수열의 10번 항은 2.767389601으로 세 개의 수열은 여기서부터 큰 차이를 보였는데, 가장 큰 수는 90에 이르고 가장 작은 수는 음수이다.

이상한가? 원래 규칙적이던 수열이 뜻밖에도 불규칙하고 이치에 맞지 않게 변했다. 우리는 충분히 많은 여러 가지 항을 확인한 후에 얻은 숫자가 무작위적이고 혼돈스럽다고 본다. 이 사례는 눈으로 확인할 수 있어 '나비효과'의 문제점을 잘 설명한다.

수학계의 은신자

어느 교수가 미국을 방문했을 때 한 학교의 수업참관을 하게
되었다.

선생님 : $\frac{1}{2} + \frac{1}{3}$은 얼마일까?

학생 : $\frac{2}{5}$예요.

선생님 : 다른 의견 있어요?

학생 : 없어요.

선생님 : 그럼, $\frac{1}{2} + \frac{1}{3}$은 $\frac{2}{5}$와 같다고 합시다.

수학수업이 조금 이상하다고 생각한 교수는 수업이 끝난
후, 교사에게 "잘못된 방법을 어떻게 학생들에게 가르칠 수 있
죠?"라고 물었다. 하지만 뜻밖에 돌아온 대답은 "학생들은 이
런 걸 좋아해요!"라며 미국 학생들은 7+8은 계산할 줄 몰라도
7+8=8+7은 알고 있고, 이것이 덧셈 교환법칙이라는 것을 아
는 미국 학생도 있다고 전했다.

7+8=8+7에 대해 좀 더 얘기하고자 한다.

미국은 20세기 말에 '새수학 운동'을 통해 수학의 구조를 강

조하였다. 예를 들면, 덧셈 교환법칙 등을 강조하였지만, 오히려 생활 속에서 실제로 필요한 연산을 완전히 무시하여 학생들의 수학 성적이 곤두박질치게 되었다. 결국 이 새수학 운동은 실패로 끝났다. 새수학 운동의 이념은 구조주의로 이는 부르바키 ^{Bourbaki}와 관련이 있다.

1939년 프랑스 서점에 〈수학 원본 1〉이라는 신간 서적이 놓여 있었다. 이 책의 저자는 수학자들에겐 다소 낯선 니그라 부르바키였다. 책은 마치 작은 돌멩이가 수면에 약간의 파동을 남기는 것처럼 약간의 관심은 불러일으켰지만 사람들의 광범위한 관심을 끌지는 못했다. 그런데 매년 한 권씩 〈수학 원본 2〉, 〈수학 원본 3〉…이 출간되면서 서서히 수학계의 관심을 받게 되었다.

수학계의 보편적인 견해에 따르면, 부르바키는 여러 명의 수학자 공동 필명이라고 한다. 하지만 사람들은 줄곧 도대체 어떤 수학자들인지 정확히 알지 못했다. 부르바키의 성과가 끊임없이 나타나면서, 천천히 일부 서적에 부르바키의 이름이 열거되기 시작했다. 유명한 〈브리트니 백과사전〉에 소개된 바에 따르면, 부르바키는 하나의 그룹이다. 이 수학 투명인간은 사실 하나의 집단이다. 구성원이 몇 명인지도 알려진 바가 없다. 여전히 공식적이고 권위적인 소식은 없다.

이후 백과사전의 출판사는 뜻밖에도 표현이 엄격한 편지 한 통을 받았는데, 보낸 사람은 누구도 '그'의 존재를 의심하는 것을 허락하지 않았다. 유언비어를 날조한 당사자가 의심조차 하지 못하게 으름장을 놓다니, 이건 적반하장이 아닌가? 그들은 헛소문을 반박할 뿐만 아니라 회신도 하였다.

흥미로운 것은 1968년 한 편의 부르바키 부고가 나타난 것이다.

"칸토르 가문, 힐베르트 가문, …에게 알립니다. 니그라 부르바키는 11월 11일 자신의 정원에서 사망했음을 알려드립니다. 11월 23일(토) 오후 3시 '임의의 함수' 공동묘지에 안장될 예정입니다. 또한 영결식은 코셜 광장의 직적 바에서 거행되었습니다. 고인의 뜻에 따라 '만용 문제' 성모대성당에서 추기경 '알레프1'이 미사를 집전하고 '폐영된 등가류 및 섬유' 대표들이 참석한 가운데…."

수학계 인사만 알고 있을 뿐 이것은 또 부르바키의 장난이었으며 이는 부르바키의 마지막 농담이 되었다. 부르바키 학파는 1930년대 중반 장 디어도네, 앙드레 가담, 클로드 셰발레, 로랑 슈바르츠, 알렉산드르 그로텐디크, 장피에르 세르 등 프랑스의 젊은 수학자들이 주축이 된 연구단체다. 이 중 2명은 울프상, 3명은 필즈상 수상자다.

이들이 조직을 만들게 된 계기는 이렇다. 제1차 세계대전 때 프랑스의 라이벌 독일이 과학자를 기술직에 배치하였는데, 프랑스는 과학자를 직접 전선으로 보냈기 때문에 많은 손해를 봐야만 했다. 조국을 수호하는 데는 여러 가지 방법이 있는데, 하필이면 일률적으로 평등을 중시할 필요가 있겠는가? 역사는 지식을 중시하지 않으면 반드시 대가를 치른다는 것을 증명한다.

전쟁이 끝난 후 프랑스 수학의 지위는 현저히 쇠락했다. 이 젊은이들은 자신의 책임을 통감하며, 조직적으로 분발해, 매년 한 권의 속도로 〈수학 원본〉 시리즈를 써내려 갔고, 아주 큰 명성을 얻었다. 그들은 매년 여러 차례 집회를 했는데, 토론에선 인정사정이 없고, 쟁론을 하면 얼굴이 빨개져서 마치 미치광이가 모여 있는 것 같았다. 부르바키의 기본 이념 구조주의를 그들은 수학의 전부라고 생각하였는데 세 가지 구조-대수구조, 순서구조, 위상구조-에 기초하였다. 30여 권의 〈수학원본〉에는 이 사상이 관통한다. 구조주의적 관점은 미국의 '새수학新數 운동'에서 일부 중학교 교재에서 지도 사상으로 채택되기도 했다. 부르바키 학파가 수학계에 미치는 영향이 그만큼 컸다는 것을 알 수 있다.

부르바키 학파는 1960년대에 절정에 달했다가 점차 내리막 길을 걷는다. 그들에 대해 비판적인 태도를 갖는 사람이 많아졌는데, 사람들은 이 학파가 너무 형식적이고 응용에 소홀하다고 비판하였다. 학생들이 7+8=8+7만 알고 7+8이 얼마인지 모르니 이건 말이 안 된다고 여겼다. 그러나 과학 단체가 이처럼 장기적이고 효과적으로 협력하는 것은 역사적으로 드문 일이다. 부르바키 운동을 전개한 몇 명의 젊은이들은 후대에 많은 귀중한 정신적 부를 남겼으니 사람들은 그들의 공적을 영원히 기억할 것이다.